MATLAB App Designer
从入门到实践

····· 苑伟民 ◎ 编著 ·····

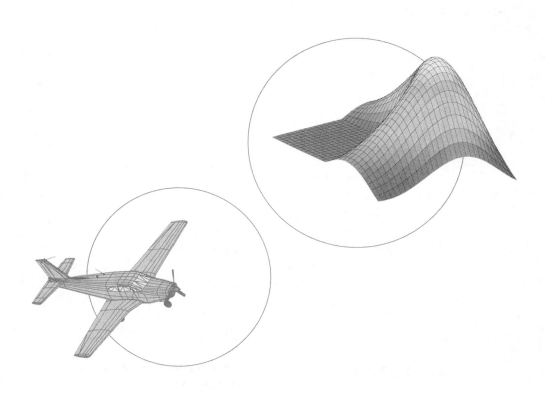

人民邮电出版社
北京

图书在版编目（CIP）数据

MATLAB App Designer从入门到实践 / 苑伟民编著
. -- 北京：人民邮电出版社，2022.2
ISBN 978-7-115-57921-8

Ⅰ. ①M… Ⅱ. ①苑… Ⅲ. ①Matlab软件 Ⅳ.
①TP317

中国版本图书馆CIP数据核字(2021)第234282号

内 容 提 要

本书围绕 MATLAB 中先进的 GUI 编程工具 App Designer 为中心进行介绍，在编程基础知识部分介绍了 MATLAB 的新产品——实时编辑器的使用；在 App Designer 部分，对 App Designer 中所有组件，包括 21 个常用组件、3 个容器、3 个图窗工具、10 个仪器仪表组件、8 个航空航天组件，辅以大量实例进行介绍，最后对 GUI 编写过程中出现的中文乱码问题、数据类型转换、GUI 的数据传递、TeX 和 LaTeX 文本解释器进行了专题讨论。全书采用图文并茂的方式进行引导式学习，以期使读者感受到学习编程的快乐。

本书适合想快速入门 App Designer 的读者，可以作为各大高校的教材或教学辅导书，也可以作为从事生产管理和技术研发等相关工作人员的学习参考手册。

◆ 编　　著　苑伟民
　　责任编辑　李永涛
　　责任印制　王　郁　彭志环
◆ 人民邮电出版社出版发行　　北京市丰台区成寿寺路 11 号
　　邮编　100164　电子邮件　315@ptpress.com.cn
　　网址　https://www.ptpress.com.cn
　　北京九州迅驰传媒文化有限公司印刷
◆ 开本：787×1092　1/16
　　印张：15.75　　　　　　　　　2022 年 2 月第 1 版
　　字数：398 千字　　　　　　　2024 年 11 月北京第 9 次印刷

定价：79.90 元

读者服务热线：(010)81055410　印装质量热线：(010)81055316
反盗版热线：(010)81055315
广告经营许可证：京东市监广登字 20170147 号

前　言

本书作者一直在寻求一种学习 MATLAB 的方法，让大多数想零基础学习编程的求知者能够快速入门，在确定了编写的主要方向为 MATLAB 目前较为热门的实时编辑器和 App Designer 之后，便以此为中心展开编写，以图文并茂的方式讲述这些知识内容。

本书分为 3 篇 12 章。第 1 篇为 MATLAB 编程基础及初识 App Designer，包含 2 章内容：第 1 章介绍了 MATLAB 基础知识，包括 M 文件（.m）、实时编辑器（.mlx）的使用、编程中的循环及条件语句、变量和常量、数组的创建和操作、调试程序等编程基础内容；第 2 章概述 App Designer 工具，包括 App Designer 组件属性以及如何在画布中添加组件、自定义组件、调整组件和控制组件——编写回调代码。第 2 篇通过实例对 App Designer 组件进行介绍，包含 6 章内容：第 3 章介绍了 App Designer 中的常用组件，包括 21 个常用组件（HTML、下拉列表 DropDown、按钮 Button、单选按钮组 ButtonGroup、切换按钮组 ToggleButtonGroup、列表框 ListBox、图像 Image、坐标区 UIAxes、复选框 CheckBox、微调器 Spinner、文本区域 TextArea、日期选择器 DatePicker、标签 Label、树 Tree、树（复选框）Tree、滑块 Slider、状态按钮 StateButton、编辑字段 EditField、数值编辑字段 NumericEditField、表 UITable、超链接 Hyperlink）；第 4 章介绍了 3 个容器（网格布局管理器 GridLayout、选项卡组 TabGroup、面板 Panel）；第 5 章介绍了 3 个图窗工具（上下文菜单 ContextMenu、工具栏 Toolbar、菜单 Menu）；第 6 章介绍了 10 个仪器仪表组件（圆形仪表 Gauge、半圆环形仪表 Semicircular、90 度仪表 NinetyDegreeGauge、线性仪表 LinearGauge、信号灯 Lamp、分档旋钮 DiscreteKnob、旋钮 Knob、开关 Switch、拨动开关 ToggleSwitch、跷板开关 RockerSwitch）；第 7 章介绍了 8 个航空航天组件（空速指示仪 AirspeedIndicator、海拔测量仪 Altimeter、人工地平仪 ArtificialHorizon、爬升率指示仪 ClimbIndicator、EGT 指示仪 EGTIndicator、航向指示仪 HeadingIndicator、RPM 指示仪 RPMIndicator、转弯协调仪 TurnCoordinator）；第 8 章介绍了 App 生成可执行文件的方法；每一章节都对每个组件的常用属性进行介绍，辅以编程实例，使用表格、图文结合的方法，让读者能够真正独立建立组件和回调的编程操作。第 3 篇对 GUI 编程中的难点问题进行专题分析，包含 4 章内容：第 9 章介绍了 App Designer 和 GUI 编程中乱码问题的解决方法，第 10 章介绍了常用的数据类型及数据类型转换，第 11 章介绍了 App Designer 和 GUI 编程中数据传递的方法，第 12 章介绍了在 App Designer 和 GUI 编程中如何使用 TeX 和 LaTeX 文本解释器等内容。

此外，在介绍实例的过程中，作者抛弃了 xlsread 等 MATLAB 将要停用的 Excel 读取函数，采用 MATLAB 推荐的 readtable 函数，力求通过每一个实例和每一个专题让读者快速掌握基本的使用方法，提高排除问题的能力，达到快速入门并能独立编写软件的水平。在本书编写过程中得到了罗华飞、打浦桥程序员等众多 MATLAB 爱好者的支持，名字不一一列举，在此一并表示感谢。

由于作者水平有限，知识储备存在片面和不足，书中难免存在一些缺点和错误，欢迎广大读者提出宝贵意见和建议，以便作者进行修正，呈现出更好的内容。作者邮箱：yuanvmin@hotmail.com。

苑伟民

2021 年 8 月

序

　　很高兴苑伟民老师邀请我为他的新书作序。作为 MATLAB 的铁杆粉丝，使用 MATLAB 编程来解决科研中的实际问题早已是家常便饭。编程的目的在于化繁为简，用户往往并不关心如何编写代码，而是关心程序所能实现的功能。实现脚本功能封装的最佳途径就是图形化用户界面开发（即 GUI 开发）。MATLAB GUI 开发作为 MATLAB 编程的重要组成部分，是联系用户与 MATLAB 代码的桥梁。了解 MATLAB GUI 开发的读者应该知道，GUIDE 是 MATLAB 的 GUI 开发的基石，通过它可以搭建出各式各样的应用程序框架，再通过回调函数实现整个应用功能。当然，除了 GUIDE 外，也可使用 uicontrol 等 UI 系列函数实现纯代码的 GUI 开发。不过随着 MATLAB 2016a 的发布，全新的应用开发工具 App Designer 正式面世，同时也宣告了属于 GUIDE 的时代即将终结！

　　相较于 GUIDE，App Designer 有着本质的不同：前者属于面向过程编程，而后者属于面向对象编程；前者基于 Java Swing 开发，后者则是基于更为开放的 Web 应用技术开发，如 JavaScript、HTML 和 CSS 等，这也使得用 App Designer 开发的应用更易于 Web 部署。此外，GUIDE 所提供的组件相对单一，功能有限，若要实现高级应用需要较扎实的 Java Swing 编程功底，而 App Designer 所提供的组件各式各样，且随着 MATLAB 的迭代更新，App Designer 组件的内容和功能也必将日新月异。

　　虽然市面上介绍 MATLAB 编程的书籍琳琅满目，但专注于 MATLAB GUI 开发的书籍屈指可数，且多半侧重于使用 GUIDE 来做 GUI 开发。App Designer 作为新版 MATLAB 应用开发的首推工具，将逐步取代 GUIDE。因此，对于想要学习 MATLAB 应用开发的读者，建议直接学习 App Designer。尽管 App Designer 已面市几年，但系统介绍 App Designer 开发的专业书籍少之又少，而渴望系统学习 App Designer 开发的读者与日俱增。为了满足大家的求知欲，让大家能够轻松愉快地搞定 App Designer 开发，苑伟民老师结合自身多年的 MATLAB 编程经验及丰富的 App Designer 实战开发经验汇著成本书。

　　即便对 App Designer 有所了解，但从头到尾看完本书后，我顿然有种醍醐灌顶、茅塞顿开的感觉。从 MATLAB 基础编程到 App Designer 组件应用，再到专题讨论，案例详实、图文并茂，即便是从未学过 MATLAB 编程的读者学习本书也不会感到吃力。不过，正如前面所讲，App Designer 是面向对象编程，可惜的是书中缺乏 MATLAB 面向对象编程的相关知识介绍，如果添加，那将是锦上添花的事。

巴山（"matlab 爱好者"公众号创始人）

2022 年 1 月 1 日 于重庆

目　　录

第 1 篇　MATLAB 编程基础及初识 App Designer

第 2 篇　App Designer 组件编程实例

第 1 篇　MATLAB 编程基础及初识 App Designer

　　本篇分为两章内容，主要介绍 MATLAB 软件编程基础知识与 App Designer 的界面设计和回调编程等初步知识。第 1 章介绍了 MATLAB 基础知识，包括 M 文件和实时编辑器的使用、编程中的循环及条件语句、变量和常量、数组的创建和操作、调试程序等编程基础内容；第 2 章概述了 App Designer 的基本使用方法，包括 App Designer 组件及如何在画布中添加组件、自定义组件、调整组件和如何编写回调代码。如果读者具备一定的 MATLAB 编程基础，可以忽略第 1 章内容，直接进入第 2 章开始 App Designer 内容的学习。

第 1 章　MATLAB 编程基础

MATLAB 命令行窗口只能运行一些简单的语句,如果需要重复执行一系列命令或希望将其保存供以后引用,则需要将其存储在程序文件中,如 M 文件、实时编辑器文件(.mlx)。MATLAB 程序的最简单类型是脚本,其中包含一组命令,这些命令与在命令行中键入的命令完全相同。要获得更高的编程灵活性,可以创建接收输入并返回输出的函数。

1.1　M 文件与实时编辑器的编写

M 文件是 MATLAB 的基本程序文件,用于执行用户的一系列命令,并输出相应的结果。其中,脚本是最简单的程序文件类型。

1.1.1　创建脚本

可以通过以下两种方法创建新脚本。

(1)单击"主页"选项卡上的"新建"按钮,选择"脚本"(实时脚本),创建一个空的脚本文件,如图 1-1 和图 1-2 所示。

图 1-1　新建脚本　　　　　　　　　　　　　图 1-2　创建空的脚本文件

(2)使用 edit 函数。例如,edit new_file_name 会创建(如果不存在相应文件)并打开 new_file_ name 文件(new_file_name 是要定义的文件名,最好按照变量命名法则命名),如图 1-3

和图 1-4 所示。如果 new_file_name 未指定，MATLAB 将打开一个名为 Untitled 的新文件，如图 1-5 所示。

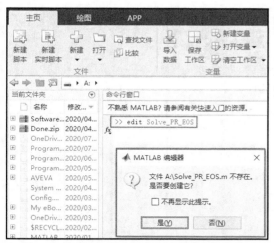

图 1-3　使用 edit 加文件名创建新的脚本文件

图 1-4　使用 edit 加文件名创建的脚本文件

图 1-5　使用 edit 创建新的脚本文件

其中，方法（2）创建的文件没有存储到电脑磁盘中，运行时，MATLAB 会提示保存文件的位置，另存时，可以选择另存为.m 或.mlx 文件。

创建脚本后，可以向其中添加代码并保存代码。

1.1.2　代码创建

例如，建立一个求解超越方程的脚本。

```
syms x

y=x^2*exp(x^2)-10;
```

```
x=solve(y, x)

x=vpa(x,20)
```

保存文件后，单击"运行"按钮或按 F5 键直接运行，在命令行窗口将会出现运行结果，如图 1-6 所示。

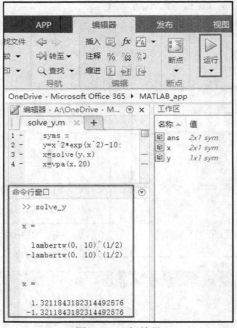

图 1-6　运行结果

1.1.3　向程序中添加注释

可以添加注释来描述代码，以便让其他人理解。要注释所选内容，可选择代码行，转到"编辑器"或"实时编辑器"选项卡，然后单击"%"按钮或按"Ctrl+R"组合键；要取消注释所选代码行，可单击"※"按钮或按"Ctrl+T"组合键，如图 1-7 和图 1-8 所示。

图 1-7　注释和取消注释代码行工具

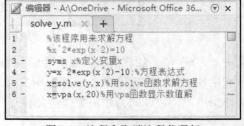

图 1-8　注释和取消注释代码行

1.2　循环及条件语句关键字

MATLAB 的基本程序结构为顺序结构，代码一行一行执行，但是，要完成一个稍微复杂的程序就需要循环及条件语句。MATLAB 语言的顺序结构语句关键字见表 1-1，循环的终止和控制权的移交关键字见表 1-2。

表 1-1　　　　　　　　　　　　　　顺序结构语句关键字

关键字	含义
if, elseif, else	条件为 true 时执行语句
for	用来重复指定次数的 for 循环
parfor	并行 for 循环
switch, case, otherwise	执行多组语句中的一组
try, catch	执行语句并捕获产生的错误
while	条件为 true 时重复执行的 while 循环

表 1-2　　　　　　　　　　　循环的终止和控制权的移交关键字

关键字	含义
break	终止执行 for 或 while 循环
continue	将控制权传递给 for 或 while 循环的下一迭代
end	终止代码块或指示最大数组索引
pause	暂时停止执行 MATLAB
return	将控制权交还给调用脚本或函数

1.2.1　条件语句

条件语句可用于在运行时选择要执行的代码块。最简单的条件语句为 if 语句。例如：

```matlab
% 产生一个随机数
a = randi(100, 1)
% 如果是偶数，除以 2
if rem(a, 2) == 0
    disp('a 是个偶数')
    b = a/2;
end
```

通过使用可选关键字 elseif 或 else，if 语句可以包含备用选项。例如：

```matlab
a = randi(100, 1)
if a < 30
    disp('small')
elseif a < 80
```

```
    disp('medium')
else
    disp('large')
end
```

再者，当希望针对一组已知值测试相等性时，可使用 switch 语句。例如：

```
[dayNum, dayString] = weekday(date, 'long', 'local')
switch dayString
    case 'Monday'
        disp('Start of the work week')
    case 'Tuesday'
        disp('Day 2')
    case 'Wednesday'
        disp('Day 3')
    case 'Thursday'
        disp('Day 4')
    case 'Friday'
        disp('Last day of the work week')
    otherwise
        disp('Weekend!')
end
```

1.2.1.1　if, elseif, else 语句

if, elseif, else 语句，条件为 true 时执行代码。

1. 语法

```
if expression
    statements
elseif expression
    statements
else
    statements
end
```

2. 说明

if expression, statements, end 计算表达式，并在表达式为 true 时执行一组语句。当表达式的结果非空并且仅包含非零元素（逻辑值或实数值）时，该表达式为 true；否则，表达式为 false。

elseif 和 else 模块是可选的。这些语句仅在 if...end 块中前面的表达式的结果为 false 时才会执行。if 块可以包含多个 elseif 块。

3. 详细信息

表达式可以包含关系运算符（如<或==）和逻辑运算符（如&&、||或～）。可使用逻辑运算符 and 和 or 创建复合表达式。MATLAB 按照运算符优先级规则从左至右计算复合表达式。

在 if...end 块的条件表达式内，逻辑运算符&和 | 的行为与短路运算符的行为相同。它们分别相当于&&和 ||。由于&&和 || 在条件表达式和语句中一致短路，因此，建议在表达式中使用&&和 ||，而不是&和 |。例如：

```
x = 42;
if (5>6) && (myfunction(x) >= pi)
    disp('Expressions are true')
end
```

表达式的第一部分的计算结果为 false。因此，MATLAB 不需要计算表达式的第二部分，否则会导致未定义的函数错误。

4. 提示

（1）可以嵌套任意数量的 if 语句。每个 if 语句需要一个 end 关键字。

（2）elseif 的 "else" 和 "if" 之间不应有空格，否则会创建嵌套的 if 语句，该语句需要搭配独立的 end 关键字。

要确定运行时所执行的代码块，除 if 语句外还可以使用 switch 条件语句。

5. 示例

（1）使用 if、elseif 和 else 指定条件。

最简单的条件语句为 if...end 语句。例如：

```
% 产生随机数
a = randi(100, 1);
% 如果是偶数就取半
if rem(a, 2) == 0
    disp('a is even')
    b = a/2;
end
```

通过使用可选关键字 elseif 或 else，if 语句可以包含备用选项。例如：

```
a = randi(100, 1);
if a < 30
    disp('small')
elseif a < 80
    disp('medium')
else
    disp('large')
end
```

（2）比较数组。

数组进行关系运算时，表达式（例如 A>0）仅在结果中的每个元素都大于零时才为 true。下面的示例使用 any 函数测试是否有任意结果为 true。

```
limit = 0.75;
A = rand(10,1)%产生10行1列的随机数
A = 10×1
    0.8147
    0.9058
    0.1270
    0.9134
    0.6324
    0.0975
    0.2785
    0.5469
    0.9575
    0.9649
if any(A > limit)
    disp('至少有一个值超出0.75。')
else
    disp('所有值都小于0.75。')
end
```

输出结果为：

至少有一个值超出 0.75。

（3）测试数组的相等性。

使用 isequal 而不是==运算符比较数组来测试相等性，因为当数组的大小不同时，==会导致错误。

下面给出了比较两个数组的示例。

A = ones(2,3);%生成2行3列的1矩阵

B = rand(3,2);%生成一个由介于0和1之间的均匀分布的随机数组成的3行2列的数字矩阵

如果 size(A)与 size(B)相同，则会串联这两个数组，否则显示一条警告并返回一个空数组。

```
if isequal(size(A),size(B))
    C = [A; B];
else
    disp('数组A和B的大小不同。')
    C = [];
end
```

输出结果为：数组 A 和 B 的大小不同。

（4）比较字符向量。

MATLAB 内部使用 strcmp 比较字符向量。当字符向量的大小不同时，使用==测试相等性会产生错误。

```
a='MAT';

b='LAB';

if (a==b)

    disp('字符 a 和 b 相同。')

else

    disp('字符 a 和 b 不相同。')

end
```

输出结果为：字符 a 和 b 不相同。

（5）评估表达式中的多个条件。

确定值是否在指定范围内。

```
x = 10;

minVal = 2;

maxVal = 6;

if (x >= minVal) && (x <= maxVal)

    disp('x 的值介于 2 和 6 之间。')

elseif (x > maxVal)

    disp('x 的值大于 6。')

else

    disp('x 的值小于 2。')

end
```

输出结果为：

x 的值大于 6。

1.2.1.2　switch, case, otherwise 语句

switch, case, otherwise 语句用于执行多组语句中的一组。

1. 语法

```
switch switch_expression

    case case_expression

        statements

    case case_expression

        statements
```

```
        ...
    otherwise
    statements
end
```

2. 说明

switch switch_expression, case case_expression, end 计算表达式，并选择执行多组语句中的一组。每个选项为一个 case。

switch 块会测试每个 case，直至一个 case 表达式为 true。case 在以下情况下为 true。

（1）对于数字，case_expression == switch_expression。

（2）对于字符向量，strcmp(case_expression,switch_expression) == 1。

（3）对于支持 eq 函数的对象，case_expression==switch_expression，重载的 eq 函数的输出必须为逻辑值或可转换为逻辑值。

（4）对于元胞数组 case_expression，元胞数组的至少一个元素与 switch_expression 匹配，如上述对数字、字符向量和对象的定义。

当 case 表达式为 true 时，MATLAB 执行对应的语句，然后退出 switch 块。

这里的 switch_expression 必须为标量或字符向量。case_expression 必须为标量、字符向量或标量，或者字符向量元胞数组。

otherwise 块是可选的。仅当没有 case 为 true 时，MATLAB 才会执行这些语句。

3. 提示

（1）case_expression 不能包含关系运算符（例如"或"运算符）来与 switch_expression 进行比较。要测试不相等性，可使用 if, elseif ,else 语句。

（2）MATLAB 的 switch 语句不会像 C 语言的 switch 语句一样失效。如果第一个 case 语句为 true，则 MATLAB 不会执行其他 case 语句。例如：

```
result = 52;
switch(result)
    case 52
        disp('result is 52')
    case {52, 78}
        disp('result is 52 or 78')
end
result is 52
```

（3）在该 case 内定义特定 case 中的代码所需要的变量。由于 MATLAB 仅执行任何 switch 语句的一个 case，因此一个 case 内定义的变量不适用于其他 case。例如，如果当前工作区不包含变量 x，则仅定义 x 的情况可以使用以下方法。

```
switch choice
    case 1
```

```
        x = -pi:0.01:pi;
    case 2
        % does not know anything about x
end
```

（4）MATLAB 的 break 语句会结束 for 或 while 循环的执行，但不结束 switch 语句的执行。此行为不同于 C 语言中 break 和 switch 的行为。

（5）对于 if 和 switch，MATLAB 执行与第一个表达式结果为 true 的条件相应的代码，然后退出该代码块。每个条件语句都需要 end 关键字。

一般而言，如果具有多个可能的离散已知值，读取 switch 语句比读取 if 语句更容易。但是，无法测试 switch 和 case 值之间的不相等性。例如，无法使用 switch 实现以下类型的条件。

```
yourNumber = input('Enter a number: ');
if yourNumber < 0
    disp('Negative')
elseif yourNumber > 0
    disp('Positive')
else
    disp('Zero')
end
```

4. 示例

（1）比较单个值。

根据在命令提示符下输入的值，有条件地显示不同的文本。

```
n = input('Enter a number: ');
switch n
    case -1
        disp('negative one')
    case 0
        disp('zero')
    case 1
        disp('positive one')
    otherwise
        disp('other value')
end
```

在命令提示符下，输入数字 1，返回结果"positive one"。

重复执行该代码并输入数字 3，返回结果"other value"。

（2）与多个值进行比较。

根据输入的月份判断季节，如果输入 3、4、5 中的任何一个值，则显示春季，其他季节类似。创建包含 3 个值的元胞数组。

```matlab
month=3;
switch month
    case {3,4,5}
        season='春季'
    case {6,7,8}
        season='夏季'
    case {9,10,11}
        season='秋季'
    otherwise
        season='冬季'
end
```

1.2.2 循环控制语句

通过循环控制语句，可以重复执行代码块。循环有两种类型。

（1）for 语句。循环特定次数，并通过递增的索引变量跟踪每次迭代。

例如，预分配一个 2 元素向量并计算 5 个值。

```matlab
x = ones(1,2)
for n = 1:4
    x(n+1) = 2 * x(n)
end
```

（2）while 语句。只要条件仍然为 true 就进行循环。

例如，计算 5 的阶乘。

```matlab
a=5;
n=1;
nFactorial = 1;
while n <= a
    nFactorial = nFactorial * n
    n = n + 1;
end
```

1.2.2.1 for 语句

用来重复指定次数的 for 循环。

1. 语法

```
for index = values
    statements
end
```

2. 说明

在循环中将一组语句执行特定次数。values 为下列形式之一。

（1）initVal:endVal。index 从 initVal 至 endVal 按 1 递增，重复执行 statements，直到 index 大于 endVal。

（2）initVal:step:endVal。每次迭代时，index 按值 step 递增，或在 step 是负数时递减。

（3）valArray。每次迭代时从数组 valArray 的后续列创建列向量 index。例如，在第一次迭代时，index=valArray(:,1)。循环最多执行 n 次，其中 n 是 valArray 的列数，由 numel(valArray (1,:)) 给定。输入的 valArray 可属于任何 MATLAB 数据类型，包括字符向量、元胞数组或结构体。

3. 提示

（1）要以编程方式退出循环，可使用 break 语句。要跳过循环中的其余指令，并开始下一次迭代，可使用 continue 语句。

（2）避免在循环语句内对 index 变量赋值。for 语句会覆盖循环中对 index 所做的任何更改。

（3）要对单列向量的值进行迭代，应首先将其转置，以创建一个行向量。

（4）每个循环都需要 end 关键字。

（5）最好对循环进行缩进处理，以便于阅读，特别是使用嵌套循环时（即一个循环包含另一个循环）。

```
A = zeros(5,100);
for m = 1:5
    for n = 1:100
        A(m, n) = 1/(m + n - 1);
    end
end
```

可以通过选中所有代码，使用实时编辑器的智能功能一键设置缩进，见图 1-9。

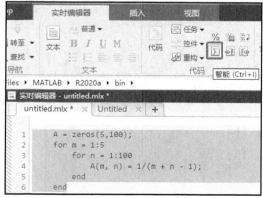

图 1-9　智能缩进语句

实时编辑器的基本用法和 M 文件用法一致。

（6）如果意外创建了一个无限循环（永远不会自行结束的循环），可按"Ctrl+C"组合键停止执行循环。

4. 示例

（1）计算数值。

```
a=10;
for b = 1
    a+b
end
```

（2）步长递增或者递减值。

以 0.7 为步长递增，计算正弦函数的值。

```
a= 10;
for b = 1:0.7:a
    d=sin(b);
end
```

以 0.7 为步长递减，计算正弦函数的值。

```
a= 10;
for b = a:-0.7:1
    c=sin(b);
end
```

（3）执行指定值的语句。

```
for v = [1 5 8 17]
    disp(v)
end
    1
    5
    8
    17
```

（4）对每个矩阵列重复执行语句。

```
for I = eye(4,3)
    disp('Current unit vector:')
    disp(I)
end
Current unit vector:
```

```
        1
        0
        0
        0
Current unit vector:
        0
        1
        0
        0
Current unit vector:
        0
        0
        1
        0
```

1.2.2.2　while 语句

条件为 true 时重复执行的 while 循环。

1. 语法

```
while expression
    statements
end
```

2. 说明

while expression, statements,end 计算一个表达式，并在该表达式为 true 时在一个循环中重复执行一组语句。表达式的结果非空并且仅包含非零元素（逻辑值或实数值）时，该表达式为 true；否则，该表达式为 false。

3. 详细信息

表达式可以包含关系运算符（如<或==）和逻辑运算符（如&&、||或～）。使用逻辑运算符"和"和"或"创建复合表达式。MATLAB 按照运算符优先级规则从左至右计算复合表达式。

在 while...end 块的条件表达式中，逻辑运算符&和 | 的行为方式和短路运算符一样，分别相当于&&和 || 的行为。由于&&和 || 在条件表达式和语句中一致短路，因此，建议在该表达式中使用&&和 ||，而不是&和 |。例如：

```
x = 5;
while (x<1) && (exp(x) >= pi)
    disp('Expressions are true')
    break
end
```

表达式的第一部分的计算结果为 false。因此，MATLAB 不需要计算表达式的第二部分，否则会导致未定义的函数错误。

4. 提示

（1）如果意外创建了一个无限循环（即永远不会自行结束的循环），可按"Ctrl+C"组合键停止执行循环。

（2）如果条件表达式的计算结果是一个矩阵，则仅当该矩阵中的所有元素都为 true（非零）时，MATLAB 才会计算这些语句。要在任意元素为 true 时执行语句，可在 any 函数中为表达式换行。

（3）要以编程方式退出循环，可使用 break 语句。要跳过循环中的其余指令，并开始下一次迭代，可使用 continue 语句。

（4）嵌套许多 while 语句时，每个 while 语句都需要一个 end 关键字。

5. 示例

（1）重复执行语句，直到表达式为 false。

使用 while 循环计算 10 的阶乘 factorial(10)。

```
n = 10;
f = n;
while n > 1
    n = n-1;
    f = f*n;
end
disp(['n! = ' num2str(f)])
```

输出结果：

```
n! = 3628800
```

（2）跳至下一迭代。

使用 continue 语句跳过小于等于 15 的值，执行 16 到 20 的循环，开始下一迭代。

```
a = 1;b=3.14;
while a < 20
   a = a + 1;
   if a <= 15
       continue;%当 a 小于等于 15 时候不执行
   end
   b=b+1;
   fprintf('value of a : %d\n', a);
   fprintf('value of b : %d\n', b);
end
```

输出结果为：

```
value of a : 16

value of b : 4.140000e+00

value of a : 17

value of b : 5.140000e+00

value of a : 18

value of b : 6.140000e+00

value of a : 19

value of b : 7.140000e+00

value of a : 20

value of b : 8.140000e+00
```

（3）在表达式为 false 之前退出循环。

求随机数序列之和，直到下一随机数大于上限为止。然后，使用 break 语句退出循环。

```
limit = 0.8;

s = 0;

while 1

    tmp = rand

    if tmp > limit

        break   %如果随机数 rand 大于 0.8 则不执行 s = s + tmp 语句

    end

    s = s + tmp

end
```

1.2.3　循环中控制权的传递

continue 可以将控制权传递给 for 或 while 循环的下一迭代。

1. 语法

```
continue
```

2. 说明

continue 将控制权传递到 for 或 while 循环的下一迭代，它会跳过当前迭代的循环体中剩余的任何语句，程序继续从下一迭代执行。

continue 仅在调用它的循环的主体中起作用。在嵌套循环中，continue 仅跳过所在的循环体内的剩余语句。

3. 提示

continue 语句跳过当前 for 或 while 循环中剩余的语句，并开始下一迭代。要完全退出循环，可使用 break 语句。

要退出函数，请使用 return 语句。

4．示例

显示从 1 到 50 的整数中的 7 的倍数。如果数字不能被 7 整除，可使用 continue 跳过 disp 语句，并将控制权传递到 for 循环的下个迭代中。

```
for n = 1:50
    if mod(n,7)
        continue
    end
    disp(['Divisible by 7: ' num2str(n)])
end
Divisible by 7: 7
Divisible by 7: 14
Divisible by 7: 21
Divisible by 7: 28
Divisible by 7: 35
Divisible by 7: 42
Divisible by 7: 49
```

1.2.4 循环的终止

MATLAB 的 break 可以终止执行 for 或 while 循环。

1．语法

```
break
```

2．说明

关键字 break 用于终止执行 for 或 while 循环。不执行循环中在 break 语句之后显示的语句。在嵌套循环中，break 仅退出它所在的循环，控制传递给该循环的 end 之后的语句。

3．提示

break 语句完全退出 for 或 while 循环。要跳过循环中的其余指令，并开始下一次迭代，可使用 continue 语句。

break 不是在 for 或 while 循环之外定义的。要退出函数，可使用 return 语句。

4．示例

求随机数序列之和，直到下一随机数大于上限为止。然后，使用 break 语句退出循环。

```
limit = 0.8;
s = 0;
while 1
    tmp = rand;
```

```
    if tmp > limit

        break

    end

    s = s + tmp

end
```

1.2.5 循环控制权的归还

MATLAB 的 return 可以将控制权交还给调用脚本或函数。

1. 语法

```
return
```

2. 说明

return 强制 MATLAB 在到达调用脚本或函数的末尾前将控制权交还给调用程序。调用程序指的是调用包含 return 调用的脚本或函数的某脚本或函数。如果直接调用包含 return 的脚本或函数，则不存在调用程序，MATLAB 将控制权交还给命令提示符。

注意 在条件块（例如 if 或 switch）或循环控制语句（例如 for 或 while）使用 return 时需要小心。当 MATLAB 到达 return 语句时，它并不仅会退出循环，还会退出脚本或函数，并将控制权交还给调用程序或命令提示符。

---

3. 示例

（1）将控制权返回给键盘。

在当前工作文件夹中，创建函数 findSqrRootIndex，以在数组中第一次出现给定值的平方根时，返回其索引值。如果未求出平方根，则该函数返回 NaN。

```
function idx = findSqrRootIndex(target,arrayToSearch)

idx = NaN;

if target < 0

    return

end


for idx = 1:length(arrayToSearch)

    if arrayToSearch(idx) == sqrt(target)

        return

    end

end
```

在命令提示符下调用该函数。

```
A = [3 7 28 14 42 9 0];

b = 81;
```

```
findSqrRootIndex(b,A)

ans =    6
```

当 MATLAB 遇到 return 语句时，它将控制权交还给键盘，因为没有调用脚本或函数。

（2）将控制权返回给调用函数。

在当前工作文件夹下的文件 returnControlExample.m 中，创建以下函数，以在数组中第一次出现给定值的平方根时，返回其索引值。此函数调用在前一示例中创建的 findSqrRootIndex 函数。

```
function returnControlExample(target)

    arrayToSearch = [3 7 28 14 42 9 0];

    idx = findSqrRootIndex(target,arrayToSearch);


    if isnan(idx)

        disp('Square root not found.')

    else

        disp(['Square root found at index ' num2str(idx)])

    end

end
```

在命令提示符下调用该函数。

```
returnControlExample(49)

Square root found at index 2
```

当 MATLAB 在 findSqrRootIndex 中遇到 return 语句时，它将控制权返回给调用函数 returnControlExample 并显示相关消息。

1.3 变量和常量

1.3.1 变量

MATLAB 需要对变量进行命名，其变量命名规则有以下几种。

（1）变量名必须以字母开头，可以包含字母（区分大写、小写）、数字、下划线中的任意一种或几种（字母开头，搭配数字、下划线）。如，P_0 和 p_0 是两个不同的变量。

（2）变量名的最大长度为 63 个字符，超过的部分将被忽略。在命令窗口输入函数 namelengthmax，可以返回变量名的字符数。

（3）不要求对所使用的变量进行事先声明（方程的未知量需要声明），也不需要指定变量类型（方程的结果需要指定类型，避免在 GUI 操作中出错），MATLAB 会自动根据赋予变量的值或对变量进行的操作来确定变量的类型。

（4）不要与内置函数或者常量重名，尽量避免使用函数名作为变量名。

（5）某些常量也可以作为变量使用，如 i、j 在 MATLAB 中表示虚数单位，但也可以作为变量使用。

表 1-3 给出了变量操作的常用函数，可以在命令行窗口使用"help+空格+函数名"来查询具体使用方法。

表 1-3　　　　　　　　　　　变量操作的常用函数

函数名	说明	语法	示例
isvarname	确定输入字符串是否有效的变量名称	isvarname s 是命令形式的语法。命令形式需要的特殊字符更少，不需要用括号或单引号将输入引起来，s 是潜在的变量名称，指定为字符向量或字符串	>> isvarname column_8 ans = 　logical 　　1
matlab.lang.makeValidName	根据输入字符串构造有效的 MATLAB 标识符	N=matlab.lang.makeValidName(S) 根据输入字符串 S 构造有效的 MATLAB 标识符 N。makeValidName 函数并不保证 N 中的字符串是唯一的	>>S={'Item_#','Price/Unit','1st order','Contact'}; N=matlab.lang.makeValidName(S) N= 　1×4 cell 数组 {'Item__'} {'Price_Unit'} {'x1stOrder'} {'Contact'} 在第一个和第二个元素中，makeValidName 将无效字符（#和/）替换为下划线。在第三个元素中，makeValidName 添加了一个前缀（因为该字符向量不是以字母开头），删除了空格，并将删除的空格后面的字符更改为大写
exist	检查变量、脚本、函数、文件夹或类的存在情况	exist name 以数字形式返回 name 的类型。返回 0 表示 name 不存在或因其他原因找不到，例如，如果 name 存在于 MATLAB 不能访问的受限文件夹中，exist 将返回 0；返回 1 表示 name 是工作区中的变量；返回 5 表示 name 是 MATLAB 内置函数，不包括类	检查 plot 函数是内置函数还是文件 >> A = exist('plot') A=5 这表明 plot 是一个 MATLAB 内置函数
who	列出工作区中的变量	who 按字母顺序列出当前活动工作区中的所有变量的名称。 who -file filename 列出指定的 MAT 文件中的变量名称。 who -var1...varN 只列出指定的变量。此语法与先前语法中的任意一个参数结合使用。 who global 列出全局工作区中的变量名称	列出当前工作区中以字母 a 开头的变量的名称： >> who a* 显示当前工作区中以 ion 结尾的变量的名称： >> who -regexp ion$

函数名	说明	语法	示例
whos	列出工作区中的变量的名称、大小和类型	whos 按字母顺序列出当前活动工作区中的所有变量的名称、大小和类型。 whos -file filename 列出指定的 MAT 文件中变量的信息。 whos global 列出全局工作区中变量的信息	显示当前工作区中特定变量的信息。例如，列出名称以字母 a 开头的变量的相关信息： >> whos a* 现在，列出名称以 ion 结尾的变量的相关信息： >> whos -regexp ion$
clear	从工作区中删除项目，释放系统内存	clear 从当前工作区中删除所有变量，并将它们从系统内存中释放。 clear name1...nameN 删除内存中的变量、脚本、函数或 MEX 函数 name1... name N。 提示： 调用 clear all、clear classes 和 clear functions 会降低代码性能，且通常没有必要。 要从当前工作区中清除一个或多个特定变量，可使用 clearname1... name N。 要清除当前工作区中的所有变量，可使用 clear 或 clearvars。	定义两个变量 a 和 b，然后清除 a： >> a = 1;b = 2;clear a 仅变量 b 保留在工作区中
clear	从工作区中删除项目，释放系统内存	要清除所有全局变量，可使用 clear global 或 clearvars -global。要清除特定类，可使用 clearmyClass。要清除特定函数或脚本，可使用 clear functionName。 要清除所有 MEX 函数，可使用 clear mex。 clear 函数可以删除指定的变量。要删除除几个指定变量之外的所有变量，可改用 clearvars。 如果清除图窗或图形对象的句柄，该对象自身将不会被删除。可使用 delete 删除对象。另外，删除对象并不会删除用于存储其句柄的变量（如果有）。 clear 函数不会清除 Simulink 模型。可改用 bdclose。 clear 函数不会清除局部函数或嵌套函数中的持久变量	定义两个变量 a 和 b，然后清除 a： >> a = 1;b = 2;clear a 仅变量 b 保留在工作区中

续表

函数名	说明	语法	示例
clearvars	清除内存中的变量	clearvars 删除当前活动工作区中的所有变量。 clearvars variables 删除 variables 指定的变量。如果任何变量为全局变量，则 clearvars 将仅从当前工作区中删除这些变量，并保留可供将其声明为全局变量的任何函数访问。 clearvars -except keepVariables 删除 keepVariables 指定的变量之外的所有变量。使用此语法保留特定的变量并删除所有其他变量。 clearvars variables -except keepVariables 删除 variables 指定的变量，但不删除 keepVariables 指定的变量。此语法允许将变量名称、通配符或正则表达式结合使用来指定要删除或保留的变量	（1）清除命名变量。定义 3 个变量，即 a、b 和 c，然后清除 a 和 c： >>a = 1;b = 2;c = 3;clear vars a c 仅变量 b 保留在工作区中。 （2）清除除指定变量之外的所有变量。 删除工作区中除变量 C 和 D 外的所有变量： >>clearvars -except C D （3）使用正则表达式清除变量和命名要排除的变量。清除名称以 b 开头且后面跟着 3 个数字的变量，但变量 b106 除外。 >>clearvars-regexp ^b\d{3}$ -except b106

　　根据变量的作用域，可以将变量分为局部变量和全局变量。通常每个函数均有各自的局部变量，这些局部变量与其他函数的局部变量和基础工作区的局部变量是分开的。但是，如果多个函数都将特定的变量名称声明为 global，则它们共享该变量的一个副本。如果在任何函数中对该变量的值做任何更改，那么其在该变量声明为全局变量的所有函数中都是可见的。

　　局部变量：在函数（或循环体）内有效，当该函数（或者循环）执行完毕，该变量在当前工作空间被存储（或者被新的数据替代）。

　　全局变量：可以在不同的函数工作空间和基本工作空间中共享，其语法如下。

```
global var1 ... varN
```

　　该语法表示：将变量 var1...varN 声明为作用域中的全局变量。每个变量间用空格间隔。

　　如果当前工作区中已经存在与全局变量具有相同名称的变量，则 MATLAB 会发出警告。

提示　为了便于修改和检查代码，建议将全局变量的定义放在函数体前面。

1.3.2　常量

　　MATLAB 中预先定义了数值的变量，被称为常量。部分默认常量见表 1-4。

表 1-4 默认常量

名称	说明	名称	说明
pi	圆的周长与其直径的比率。 以双精度形式返回 π 值，小数点后有 15 位。 示例： >>format long;p = pi p = 3.141592653589793	ans	最近计算的答案。在未指定输出参数的情况下运行返回输出的 MATLAB 代码，MATLAB 会创建 ans 变量并将要输出的值存储在该变量中。建议不要在脚本或函数中更改或使用 ans 的值，因为该值可能会经常变化
eps	浮点相对精度，MATLAB 计算时的容许误差	i, j	虚数单位，i 等效于根号-1 的值
nargin	函数输入参数的数目	nargout	函数输出参数的数目
realmin	最小标准浮点数。返回 IEEE 双精度形式的最小标准正浮点数。 示例： >>f = realmin('single') f = single 1.1755e-38	realmax	最大的正浮点数。将输出格式设置为长科学记数法。返回 IEEE 双精度形式的最大有限浮点数。 示例： >>format long e；f = realmax f = 1.797693134862316e+308
Inf	当运算结果太大以至于无法表示为浮点数时，如 1/0 或 log(0)，运算会返回 Inf	NaN	Not a Number 同 NaN。如果运算有未定义的数值结果，如 0/0 或 0*Inf，则运算返回 NaN

lastwarn	返回由 MATLAB 软件生成的最后一条警告消息，无论警告的显示状态是什么。
	示例：
	>> lastwarn
	ans =
	    空的 0×0 char 数组
		lasterr	返回 MATLAB 软件生成的最后一条错误消息。
			示例：
			>> lasterr
			ans =
			    '函数或变量'realman'无法识别。'

computer	有关运行 MATLAB 的计算机的信息。
	示例：
	>> computer
	ans =
	    'PCWIN64'
		version	MATLAB 的版本号和库。
			示例：
			>> version
			ans =
			    '9.10.0.1649659 (R2021a) Update 1'

NaT	非时间（Not-a-Time）		

1.4　数组的创建

　　MATLAB 中一般使用英文的一对方括号"[ ]"、逗号","、空格" "和分号";"来创建数组，数组中同一行的元素使用英文逗号或者空格进行分隔，不同行之间用分号进行分隔。

1. 通过冒号来创建一维数组

```
X=A:step:B
```

X 为要创建的数组，A 为数组的第一个元素的值，B 为数组最后一个元素的值，step 为步长。

```
>> x=1:1:5

x =

     1     2     3     4     5
```

步长为 1 时可以不写步长：

```
>> x=1:5


x =

     1     2     3     4     5
>> x=2:pi:9


x =

    2.0000    5.1416    8.2832
```

2. 通过 linspace 函数创建一维数组

（1）y = linspace(x1,x2)返回包含 x1 和 x2 之间的 100 个等间距点的行向量。

（2）y = linspace(x1,x2,n)生成 n 个点。这些点的间距为(x2−x1)/(n−1)。

```
>> y1 = linspace(-5,5,5)


y1 =

   -5.0000   -2.5000     0    2.5000     5.0000
```

linspace 类似于冒号运算符 ":"，但可以直接控制点数并始终包括端点。"linspace" 名称中的 "lin" 指示生成线性间距点的值，而同级函数 logspace 会生成对数间距点的值。关于 logspace 的用法，可参阅帮助文件（在命令行窗口输入 "help logspace"）。

3. 使用逗号、空格、分号创建矩阵

在命令窗口输入含有 5 个元素的行向量和含有 5 个元素的列向量。

在命令行输入以下语句。

```
>> A=[1 2 3 4 5]            %行向量
B=[0.1,0.2,0.3,0.4,0.5]     %行向量
C=[9;8;7;6;5;4]            %列向量
```

以下为输出：

```
A =
```

```
     1     2     3     4     5
B =
   0.1000    0.2000    0.3000    0.4000    0.5000
C =
   9
   8
   7
   6
   5
   4
```

从输出结果来看，用空格和逗号创建矩阵，效果一样。

> **提示** 要在命令行窗口输入多行语句，每输入一行，按"Shift+Enter"组合键可以实现换行；输入完毕后，按 Enter 键，执行输入的命令。

1.5 数组的查询和元素的替换

1. 通过冒号":"和逗号","来查询操作数组

（1）创建一个 3×3 维数组。

```
>> A=[1:3;4:6;7:9]

A =
   1   2   3
   4   5   6
   7   8   9
```

（2）查询所有行和所有列的数据。

```
>> A(:,:)

ans =
   1   2   3
   4   5   6
   7   8   9
```

（3）查询第 1 行的数据。

```
>> A(1,:)

ans =
```

```
    1    2    3
```

（4）查询第 1 列的数据。

```
>> A(:,1)

ans =

    1

    4

    7
```

（5）将数组元素从第一个到最后一个按照顺序输出。

```
>> A(1:end)

ans =
    1    4    7    2    5    8    3    6    9
```

（6）将数组元素从最后一个到第一个反序输出。

```
>> A(end:-1:1)

ans =
    9    6    3    8    5    2    7    4    1
```

（7）查询第 6、7、3 位的数据。

```
>> A(6)

ans =

    8


>> A(7)

ans =

    3
>> A(3)
ans =

    7
```

（8）查询第 1 行的第 3 个数据。

```
>> A(1,3)
```

```
ans =

    3
```

（9）查询第 2 行的第 3 个数据。

```
>> A(2,3)


ans =

    6
```

2. 通过赋值进行元素替换

（1）把第 2 行的第 3 个元素替换为 0。

```
>> A(2,3)=0


A =
    1    2    3
    4    5    0
    7    8    9
```

（2）把第 2 行的所有元素替换为 0。

```
>> A(2,:)=0


A =
    1    2    3
    0    0    0
    7    8    9
```

（3）将第 3、6、9 个元素替换为 4、5、6。

```
>> A([3 6 9])=[4 5 6]
A =
    1    2    3
    0    0    0
    4    5    6
```

1.6 运算符

MATLAB 运算符包括算术运算符、关系运算符和逻辑运算符，在编程中经常用到。下面以列表形式介绍各种符号。

算术运算符如表 1-5 所示。

表 1-5　　　　　　　　　　　　　　　　　　　　算术运算符

符号	功能	函数	说明及示例
+	加法	plus	C=A+B。将数组 A 和 B 相加，方法是将对应元素相加。A 和 B 的大小必须相同或兼容。A、B 可以是单个数字。 示例： >> 2+3 ans = 　　　5
+	一元加法	uplus	C=+A。返回数组 A，并将其存储在 C 中，替换 C 中的数字。该功能在数值计算中并无实际作用，可以理解为为 A 添加正号。 示例： >> a=3;b=4;b=+a b = 　　　3
−	减法	minus	C = A−B。从 A 数组中减去 B 数组，方法是将对应元素相减。A 和 B 的大小必须相同或兼容。 示例： >> 2−3 ans = 　　　−1
−	一元减法	uminus	C =−A。对 A 的各个元素求反，然后将结果存储在 C 中。可以理解为为 A 添加负号。 示例： >> a=2b=−a b= 　　　−2
.*	按元素乘法	times	C = A.*B。对数值 A 和 B 做按元素乘法，方法是将对应的元素相乘。A 和 B 的大小必须相同或兼容。这种乘法又称为点乘。 示例： >> A = [1 0 3]; B = [2 3 7]; C = A.*B C = 　　2　　　0　　　21
*	矩阵乘法	mtimes	C=A*B。C 是 A 和 B 的矩阵乘积。如果 A 是 m×p 矩阵，B 是 p×n

符号	功能	函数	说明及示例
*	矩阵乘法	mtimes	矩阵，则 C 是 m×n 矩阵，C(i,j)=A(i,:)*B(:,j)，C(i,j)是 A 第 i 行与 B 第 j 列的内积
./	按元素右除	rdivide	x=A./B。用 A 的每个元素除以 B 的对应元素。A 和 B 的大小必须相同或兼容。这种除法又称为点除。 示例： >>3./5 ans= 0.6000 >> A=[1 2 3];B=[4 5 6];A./B ans = 0.2500 0.4000 0.5000
/	矩阵右除	mrdivide	x=B/A。对线性方程组 x*A=B 求解 x。矩阵 A 和 B 必须具有相同的列数。 如果 A 是标量，那么 B/A 等于 B./A。 如果 A 是 n×n 方阵，B 是 n 列矩阵，那么 x=B/A 是方程 x*A=B 的解（如果存在解的话）。 如果 A 是矩形 m×n 矩阵，且 m~=n，B 是 n 列矩阵，那么 x=B/A 返回方程组 x*A=B 的最小二乘解
.\	按元素左除	ldivide	x=B.\A。用 A 的每个元素除以 B 的对应元素。A 和 B 的大小必须相同或兼容。该功能很少使用，这里不做介绍
\	矩阵左除	mldivide	x=A\B。对线性方程组 A*x=B 求解。矩阵 A 和 B 必须具有相同的行数。 如果 A 是标量，那么 A\B 等于 A.\B。 如果 A 是 n×n 方阵，B 是 n 行矩阵，那么 x=A\B 是方程 A*x=B 的解（如果存在解的话）。 如果 A 是矩形 m×n 矩阵，且 m~=n，B 是 m 行矩阵，那么 A\B 返回方程组 A*x=B 的最小二乘解
.^	按元素求幂	power	C=A.^B。以 A 中的每个元素为底数，以 B 中的对应元素为指数求幂。A 和 B 的大小必须相同或兼容。 示例： >>2.^3 ans = 8 >> A=[1 2 3];B=[4 5 6];B.^A ans = 4 25 216

符号	功能	函数	说明及示例
^	矩阵幂	mpower	C=A^B。计算 A 的 B 次幂并将结果返回给 C。A 和 B 必须满足下列条件之一：①底数 A 是方阵，指数 B 是标量。如果 B 为正整数，则按重复平方计算幂。对于 B 的其他值，计算包含特征值和特征向量；②底数 A 是标量，指数 B 是方阵，该计算涉及特征值和特征向量。 示例： >> B = [0 1; 1 0];C = 2^B C = 　　　1.2500　　　0.7500 　　　0.7500　　　1.2500 >> A = [1 2; 3 4];C = A^2 C = 　　　7　　　10 　　　15　　　22
.'	转置	transpose	B=A.'。返回 A 的非共轭转置，即每个元素的行和列索引都会互换。如果 A 包含复数元素，则 A.'不会影响虚部符号。例如，如果 A(3,2)是 1+2i 且 B=A.'，则元素 B(2,3)也是 1+2i
'	复共轭转置	ctranspose	示例： >> A = [2 1; 9 7; 2 8; 3 5] B = A' A = 　　　2　　　1 　　　9　　　7 　　　2　　　8 　　　3　　　5 B = 　　　2　　　9　　　2　　　3 　　　1　　　7　　　8　　　5

关系运算符如表 1-6 所示。

表 1-6　　　　　　　　　　　　　　　　关系运算符

符号	功能	操作符	说明
==	等于	eq	当数组 A 和 B 相等时，A= =B 返回一个逻辑数组，其各元素均为逻辑值 1(true)；否则，元素为逻辑值 0(false)。该运算将比较数值数组的实部和虚部。当 A 或 B 含有 NaN 或未定义的分类元素时，eq 返回逻辑值 0(false)
~=	不等于	ne	A~=B 返回一个逻辑数组，当数组 A 和 B 不相等时，其对应位置上的元素为逻辑 1(true)，否则为逻辑值 0(false)。该运算将比较数值数组的实部和虚部。

续表

符号	功能	操作符	说明
~=	不等于	ne	当 A 或 B 含有 NaN 或未定义的分类元素时，ne 返回逻辑值 1(true)
>	大于	gt	A>B 返回一个元素为逻辑值 1(true)的逻辑数组，否则，元素为逻辑值 0(false)。该运算仅比较数值数组的实部。如果 A 或 B 包含 NaN 或未定义的分类元素，则 gt 返回逻辑值 0(false)
>=	大于或等于	ge	A>=B 返回一个逻辑数组，当 A 大于或等于 B 时，其对应位置的元素为逻辑值 1(true)，否则为逻辑值 0(false)。该运算仅比较数值数组的实部。如果 A 或 B 包含 NaN 或未定义的分类元素，则 ge 返回逻辑值 0(false)
<	小于	lt	A<B 返回一个逻辑数组，当 A 小于 B 时，其对应位置的元素为逻辑值 1(true)，否则为逻辑值 0(false)。该运算仅比较数值数组的实部。如果 A 或 B 包含 NaN 或未定义的分类元素，则 lt 返回逻辑值 0(false)
<=	小于或等于	le	A<=B 返回一个逻辑数组，当 A 小于或等于 B 时，其对应位置的元素为逻辑值 1(true)，否则为逻辑值 0(false)。该运算仅比较数值数组的实部。如果 A 或 B 包含 NaN 或未定义的分类元素，则 le 返回逻辑值 0(false)

逻辑运算符如表 1-7 所示。

表 1-7   逻辑运算符

符号	功能	更多信息	说明
&	逻辑 AND	and	A&B 对数组 A 和 B 执行逻辑 AND 操作，并返回包含逻辑值 1(true)或逻辑值 0(false)的元素的数组。如果 A 和 B 在相同的数组位置都包含非零元素，则输出数组中对应位置的元素将设置为逻辑值 1(true)。如果不是，则将数组元素设置为 0
|	逻辑 OR	or	A|B 对数组 A 和 B 执行逻辑 OR 操作，并返回包含设置为逻辑值 1(true)或逻辑值 0(false)的元素的数组。如果 A 或 B 中相同位置元素存在非零元素，则输出数组中对应元素为逻辑值 1(true)；如果不是，则对应元素为逻辑值 0（false）
&&	逻辑 AND（具有短路功能）	Logical Operators: Short-Circuit && ||	expr1 && expr2 表示使用短路行为的逻辑 AND 运算。即如果 expr1 为逻辑值 0(false)，将不计算 expr2 的结果。每个表达式的计算结果都必须为标量逻辑值
||	逻辑 OR（具有短路功能）		expr1 || expr2 表示使用短路行为的逻辑 OR 运算。即如果 expr1 为逻辑值 1(true)，将不计算 expr2 的结果。每个表达式的计算结果都必须为标量逻辑值
~	逻辑非	not	~A 返回与 A 大小相同的逻辑数组。如果 A 中某元素为零值，则数组中对应元素为逻辑值 1(true)；如果 A 中某元素为非零值，则数组中对应元素为逻辑值 0(false)

注意	本书约定书写数字向量（单个数字，非矩阵）指数幂时用符号^或者.^来表示，如 6^2、6.^2 均表示 6 的 2 次方。

1.7　运算符优先级

使用算术运算符、关系运算符和逻辑运算符的任意组合来进行运算时，需要通过其优先级来确定计算表达式时的运算顺序。处于同一优先级的运算符具有相同的运算优先级，将从左至右依次进行计算。下面给出了 MATLAB 运算符的优先级规则，从最高优先级到最低优先级依次排列如下。

（1）括号（）。

（2）转置（.'）、按元素求幂（.^）、复共轭转置（'）、矩阵幂（^）。

（3）带一元减法（.^−）、一元加法（.^+）和逻辑非（.^∼）的幂，以及带一元减法（^−）、一元加法（^+）或逻辑求反（^∼）的矩阵幂。

注意	尽管大多数运算符都从左至右参与计算，但（^−）、（.^−）、（^+）、（.^+）、（^∼）和（.^∼）按从右至左的顺序参与计算，如 2.^−2，即−2 的平方，先求平方后进行倒数，2.^−2=0.2500。建议使用括号显式指定包含这些运算符组合的语句的期望优先级。

（4）一元加法（+）、一元减法（−）、逻辑非（∼）。

（5）按元素乘法（.*）、按元素右除（./）、按元素左除（.\）、矩阵乘法（*）、矩阵右除（/）、矩阵左除（\）。

（6）加法（+）、减法（−）。

（7）冒号运算符（:）。

（8）小于（<）、小于或等于（<=）、大于（>）、大于或等于（>=）、等于（==）、不等于（∼=）。

（9）逻辑 AND（&）。

（10）逻辑 OR（|）。

（11）短路 AND（&&）。

（12）短路 OR（||）。

AND 和 OR 运算符的优先级：MATLAB 始终将&运算符的优先级指定为高于 | 运算符。尽管 MATLAB 通常按从左到右的顺序计算表达式，但表达式 a|b&c 按 a|(b&c)形式计算。对于包含&和 | 的语句，比较好的做法是使用括号显式指定期望的语句优先级。该优先级规则同样适用于&&和 || 运算符。

可以使用括号调整默认优先级，见如下示例。

```
A = [3 9 5];
B = [2 1 5];
C = A./B.^2
C =
    0.7500    9.0000    0.2000


C = (A./B).^2
C =
    2.2500   81.0000    1.0000
```

提示　　在表达式中，可以使用括号来界定计算的顺序，不必过多考虑运算符号优先级问题。

1.8　矩阵的运算

MATLAB 可以说是一个具有强大功能的计算器，除了数字之间的加、减、乘、除、幂、对数等常见的运算，MATLAB 的优势在于数组运算。

在命令窗口输入含有 5 个元素的行向量和含有 5 个元素的列向量，并将两个向量相加求和。

在命令行输入以下语句。

```
A=[1 2 3 4 5]              %行向量
B=[0.1,0.2,0.3,0.4,0.5]    %行向量
C=[9;8;7;6;5;4]            %列向量
D=[1 2 3]
E=B'                       %矩阵转置
F=A+B                      %矩阵求和
G=A+C                      %矩阵求和
H=A+D                      %矩阵求和
```

以下为输出。

```
A = 1×5 数组
    1    2    3    4    5


B = 1×5 数组
   0.1000   0.2000   0.3000   0.4000   0.5000


C = 6×1 数组
    9
    8
    7
    6
    5
    4


D = 1×3 数组
    1    2    3
```

```
E = 5×1 数组

    0.1000

    0.2000

    0.3000

    0.4000

    0.5000

F = 1×5 数组

    1.1000    2.2000    3.3000    4.4000    5.5000


G = 6×5 数组

    10    11    12    13    14

     9    10    11    12    13

     8     9    10    11    12

     7     8     9    10    11

     6     7     8     9    10

     5     6     7     8     9
```

矩阵维度必须一致。

以上内容为结果输出。结果提示"矩阵维度必须一致",是因为 A 具有 5 个元素,D 具有 3 个元素,只有元素数目相同才能进行运算。

1.9　M 文件和实时编辑器的调试

要以图形方式调试 MATLAB 程序,可使用编辑器,也可以在命令行窗口中使用调试函数。两种方法可互换。

开始调试之前,应确保程序已保存且该程序及其调用的任何文件位于搜索路径或当前文件夹中。

(1)如果在未保存更改的情况下从编辑器内运行文件,该文件在运行前会自动保存。

(2)如果从命令行窗口运行未保存更改的文件,则 MATLAB 软件会运行已保存的文件版本,因此看不到更改结果。

1.9.1　设置断点

设置断点可暂停执行 MATLAB 文件,以便检查可能存在问题的值或变量。可以使用编辑器、命令行窗口中的函数或同时使用这两种方法设置断点。

有 3 种不同类型的断点:标准断点、条件断点和错误断点。要在编辑器中添加标准断点,应在要设置断点的可执行代码行的断点列处单击。断点列是编辑器左侧、行号右侧的窄列。也可以使用 F12 键来设置断点。

在 M 文件中，断点列中的可执行代码行以虚线（-）指示（见图 1-10）；在实时编辑器文件（.mlx）中，以深色指示（见图 1-11）。

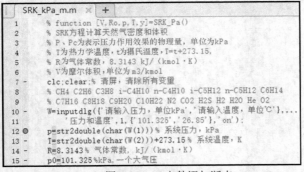

图 1-10　M 文件添加断点　　　　　　　　图 1-11　实时编辑器添加断点

如果可执行语句跨多行，可以在该语句中的每一行均设置断点，即使其他行在断点列中没有-（虚线）也可以，这种情况一般出现在循环中的跨行语句（即带英文省略号"..."的语句）中。例如，在图 1-12 所示的代码中，可以在所有行中均设置断点。

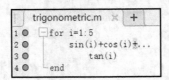

图 1-12　代码换行

1.9.2　运行文件

设置断点后，在命令行窗口或编辑器运行该文件。运行该文件会产生以下结果。

（1）"运行"按钮更改为"继续"按钮。

（2）命令行窗口中的提示符将更改为"K>>"，指示 MATLAB 处于调试模式且键盘受控制。

（3）MATLAB 在该程序的第一个断点处暂停。在编辑器中，断点右侧的绿色箭头表示暂停。在发生暂停的行恢复运行之前，程序不会执行该行。例如，在如图 1-13、图 1-14 的示例中，程序会在程序执行 sin(i)+cos(i)+...之前暂停。

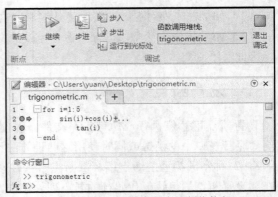

图 1-13　实时编辑器在断点处暂停执行　　　图 1-14　M 文件在断点处暂停执行

（4）在 M 文件中，MATLAB 会在函数调用堆栈（位于"调试"部分中的"编辑器"选项卡上）中显示当前工作区。如果从命令行窗口使用调试函数，可使用 dbstack 查看函数调用堆栈。

1.9.3 暂停运行文件

要暂停正在运行的程序，可转到"编辑器"选项卡并单击"暂停"按钮。MATLAB 会在下一个可执行代码行处暂停执行，并且"暂停"按钮会更改为"继续"按钮。要继续执行，可单击"继续"按钮。

如果想检查长时间运行的程序的进度，以确保它按预期运行，那么"暂停"按钮是很有帮助的。

> **注意** 单击"暂停"按钮会使 MATLAB 在程序文件外的文件中暂停。单击"继续"按钮会继续正常执行，不更改文件结果。

1.9.4 查找并解决问题

当代码暂停时，可以查看或更改变量的值，或修改代码。

1. 调试时查看或更改变量

在调试时查看变量的值，以查看某行代码是否生成了预期的结果。要执行此操作，应将鼠标指针放到变量的左侧。该变量的当前值将显示在数据提示中，如图 1-15 所示。

数据提示会一直显示在视图中，直到移动指针。如果在显示数据提示时遇到问题，应单击包含该变量的行，然后将指针靠近该变量。

在调试时，可以更改变量的值，以查看新值是否生成预期的结果。在程序暂停状态下，在命令行窗口、工作区浏览器或变量编辑器中向变量分配新值，然后继续运行或分步执行该程序。

如图 1-16、图 1-17 所示，MATLAB 在 for 循环（其中 i=1）内暂停。

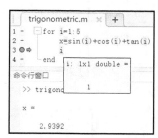

图 1-15　在 M 文件中查看断点前变量的值　　　图 1-16　在 M 文件中查看循环中断点前变量的值

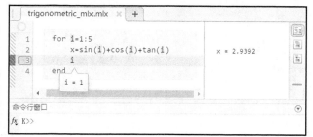

图 1-17　在实时编辑器中查看循环中断点前变量的值

在命令行窗口中键入 i=4，将 i 的当前值从 1 更改为 4，如图 1-18、图 1-19 所示。

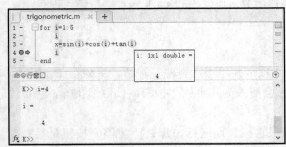

图 1-18　在 M 文件中更改循环中的参数值

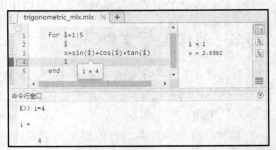

图 1-19　在实时编辑器中更改循环中的参数值

单击"继续"按钮运行下一行代码，MATLAB 将 i=4 赋值给第 4 行代码，执行完毕后继续执行 i=2，如图 1-20、图 1-21 所示。

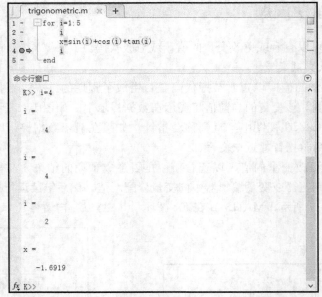

图 1-20　在 M 文件中更改循环中的参数值的效果

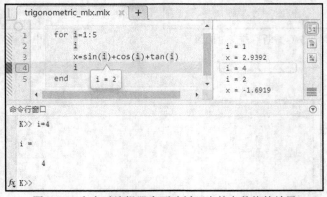

图 1-21　在实时编辑器中更改循环中的参数值的效果

将断点设在计算值后面，在命令行窗口输入的参数将不会影响断点前面的语句；如果将断点设置在第 2 行或第 3 行代码，i=4 将会影响 x 的值。

2．调试时修改整段代码

可以在调试时修改整段代码，用来在不保存更改的情况下测试可能的修复方式。通常最好在退出调试后修改 MATLAB 文件，然后保存修改并运行该文件。否则，可能导致意外结果。但是，在有些情况下，也需要在调试过程中进行试验。

要在调试时修改程序，应执行以下操作。

（1）代码暂停后，修改尚未运行的部分。

断点变为灰色，表示它们无效。

（2）选择"暂停"所在行到下一个断点所在行的所有代码，右键单击，然后在上下文菜单中选择"执行所选内容"，如图 1-22 所示。

代码计算完成后，停止调试，保存或撤销所做的任何更改，然后继续调试过程。

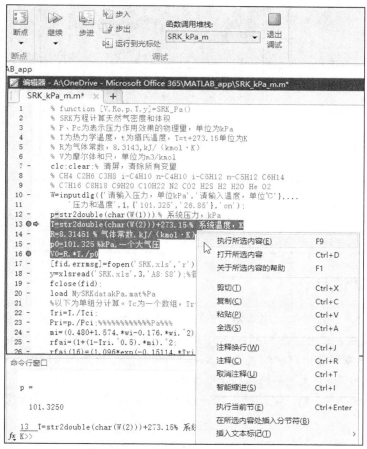

图 1-22　M 文件在调试中执行所选内容

1.9.5　逐步执行文件

调试时，可以在要检查值的断点暂停，逐步执行 MATLAB 文件。

表 1-8 介绍了可用的调试操作以及可用于执行这些操作的不同方法。

表 1-8 调试操作工具栏按钮和备用函数

工具栏按钮	说明	备用函数
运行到光标处 运行到光标处	继续执行文件，直到光标所在行。也可从上下文菜单中获得	无
步进 步进	执行当前文件行	dbstep
步入 步入	执行当前文件行，如果该行调用另一个函数，则步入该函数	dbstep in
继续 继续	继续执行文件，直到完成或遇到另一断点为止	dbcont
步出 步出	步入后，运行被调用函数或局部函数的其余部分，然后离开被调用函数并暂停	dbstep out
暂停 暂停	暂停调试模式	无
退出调试 退出调试	退出调试模式	dbquit

1.9.6 结束调试会话

在发现问题后，通过转至"编辑器"选项卡并单击"退出调试"按钮来结束调试会话。如果要更改并保存文件，或者要在 MATLAB 中运行其他程序，必须结束调试会话。

退出调试后，编辑器屏幕中的暂停提示符将不再显示，命令行窗口中会重新显示正常提示符">>"而非"K>>"，且无法再访问该调用堆栈。

如果 MATLAB 软件在断点位置暂停时变得无法响应，应按"Ctrl+C"组合键返回 MATLAB 提示符。

第 2 章　App Designer 概述

App Designer（App 设计工具）是在 MATLAB 中构建 App 的推荐环境，它是 GUIDE 开发环境的替代工具。

APP Designer 是一个功能丰富的开发环境，它提供布局与代码视图、完整集成的 MATLAB 编辑器版本、大量的交互式组件、网格布局管理器和自动调整布局选项，使 App 能够检测和响应屏幕大小的变化。可以直接从 App Designer 的工具条打包 App 安装程序文件，也可以创建独立的桌面 App 或 Web App（需要 MATLAB Compiler）。

在命令行窗口输入调用如下语句，即可打开设计环境。

```
>> appdesigner
```

也可以通过单击 MATLAB 菜单栏的"APP"菜单，选择"设计 App"来创建，如图 2-1 所示。

其设计环境如图 2-2 和图 2-3 所示。

图 2-1　通过菜单打开

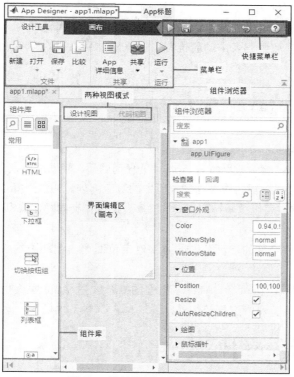

图 2-2　设计视图下的设计环境

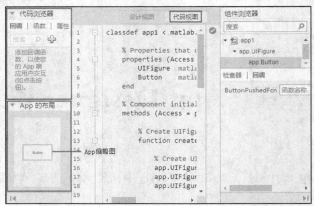

图 2-3　代码视图下的设计环境

（1）组件浏览器。

① 上下文菜单。右键单击列表中的组件以显示上下文菜单，该菜单包含用于删除或重命名组件、添加回调或显示帮助的选项。在组件浏览器中选择组件标签选项，将显示分组的组件标签。

② 上部搜索栏。在搜索栏中键入名称的一部分，即可快速定位组件。

③ 中部搜索栏。在搜索栏中键入名称的一部分，即可快速定位回调、辅助函数或属性。

（2）界面编辑区。

用于布置组件，并可以对组件大小和部分属性进行调整。

（3）代码浏览器。

使用回调、函数和属性选项卡添加、删除或重命名 App 中的任何回调、辅助函数或自定义属性。单击回调或函数选项卡上的某个项目，编辑器将滚动到代码中的对应部分。通过选择要移动的回调，然后将回调拖放到列表中的新位置，来重新排列回调的顺序。此操作会同时在编辑器中调整回调位置。

（4）App 的布局。

如果添加了组件，左下角将出现 App 缩略图。

（5）属性区。

① 回调、函数和属性选项卡。

使用这些选项卡添加、删除或重命名 App 中的任何回调、辅助函数或自定义属性。单击回调或函数选项卡上的某个项目，编辑器将滚动到代码中的对应部分。通过选择要移动的回调，然后将回调拖放到列表中的新位置，可以重新排列回调的顺序。此操作会同时在编辑器中调整回调位置。

② 搜索栏。

在搜索栏中键入组件名称的一部分，即可快速定位回调、辅助函数或自定义属性。

（6）界面编辑区。

App 缩略图：使用缩略图可在具有许多组件的复杂大型 App 中查找组件。在缩略图中选择某个组件，即可在组件浏览器中选择该组件。

2.1　App Designer 组件

App Designer 和 UI 图窗支持大量组件，可用于设计功能齐全的现代化应用程序。表 2-1 列出了基本组件。

（1）常用组件：包括响应交互的组件及用于创建绘图以进行数据可视化和探查的坐标区，如按钮、滑块、下拉列表、树和坐标区等，一共 21 个。

（2）容器：包括网格布局管理器、选项卡组和面板，一共 3 个。

（3）图窗工具：包括上下文菜单、工具栏和菜单栏，一共 3 个。

（4）仪器组件：包括用于可视化状态的仪表和信号灯，以及用于选择输入参数的旋钮和开关，一共 10 个。

（5）航空航天组件：包括空速指示仪、海拔测量仪、人工地平仪等，一共 8 个。

所有组件都可以通过编程方式使用。App Designer 组件库中还提供了大量 UI 组件，可以将它们拖放到画布（界面编辑区）上。要向使用 App Designer 创建的 App 添加组件库中没有的组件，或要将组件动态添加到正在运行的 App 上，可以以编程方式向 App Designer 添加 UI 组件，以编程方式添加组件这部分内容在本章不做过多介绍。

要向 App 添加组件，可将组件从组件库拖动到画布（界面编辑区）上，然后使用"组件浏览器"的"检查器"选项卡修改组件的特征，如颜色、字体或文本。

表 2-1　　　　　　　　　　　　　　　　基本组件

基本组件	组件名称	作用
常用组件	HTML	创建 HTML UI 组件
	下拉列表（DropDown）	创建下拉列表组件
	按钮（Button）	创建普通按钮组件
	切换按钮（ToggleButton）	创建切换按钮组件
	按钮组（ButtonGroup）	创建用于管理单选按钮和切换按钮的按钮组组件
	列表框（ListBox）	创建列表框组件
	图像组件（Image）	创建图像组件
	坐标区（UIAxes）	创建坐标区组件
	复选框（CheckBox）	创建复选框组件
	微调器（Spinner）	创建微调器组件
	文本区域（TextArea）	创建文本区域组件
	日期选择器（DatePicker）	创建日期选择器组件
	标签（Label）	创建标签组件
	树（Tree）	创建树组件
	树（复选框）（Tree）	创建带复选框的树组件
	滑块（Slider）	创建滑块组件
	状态按钮（StateButton）	创建状态按钮组件
	文本编辑字段（EditField）	创建文本编辑字段组件

续表

基本组件	组件名称	作用
常用组件	数值编辑字段（NumericEditField）	创建数值编辑字段组件
	表（Table）	创建表用户界面组件
	超链接（Hyperlink）	创建超链接组件
容器	网格布局管理器（GridLayout）	创建网格布局
	选项卡组（TabGroup）	创建选项卡组
	面板（Panel）	创建面板
图窗工具	上下文菜单（ContextMenu）	创建上下文菜单
	工具栏（Toolbar）	创建工具栏
	菜单栏（Menu）	创建菜单或菜单项
仪器组件	圆形仪表（Gauge）	创建圆形仪表组件
	半圆形仪表（Emicircular）	创建半圆形仪表组件
	90 度仪表（NinetyDegreeGauge）	创建 90 度仪表组件
	线性仪表（LinearGauge）	创建线性仪表组件
	信号灯（Lamp）	创建信号灯组件
	分档旋钮（DiscreteKnob）	创建分档旋钮组件
	旋钮（Knob）	创建普通旋钮组件
	开关（Switch）	创建普通开关组件
	拨动开关（ToggleSwitch）	创建拨动开关组件
	跷板开关（RockerSwitch）	创建跷板开关组件
航空航天组件	空速指示仪（AirspeedIndicator）	创建空速指示仪组件
	海拔测量仪（Altimeter）	创建海拔测量仪组件
	人工地平仪（ArtificialHorizon）	创建人工地平仪组件
	升降指示仪（ClimbIndicator）	创建升降指示仪组件
	EGT 指示仪（EGTIndicator）	创建 EGT 指示仪组件
	航向指示仪（HeadingIndicator）	创建航向指示仪组件
	RPM 指示仪（RPMIndicator）	创建 RPM 指示仪组件
	转弯协调仪（TurnCoordinator）	创建转弯协调仪组件

2.2 App Designer 环境概述

App Designer 中的"设计视图"提供了一组丰富的布局工具，用于设计外观现代、专业的应用程序。它还提供了丰富的 UI 组件库，因此可以创建各种交互式功能。在设计视图中所做的任何更改都会自动反映在代码视图中。因此，可以在不编写任何代码的情况下实现应用程序多个方面的配置。要将组件添加到应用程序，应将其从组件库拖到画布上。

2.2.1　创建画布

单击 MATLAB 菜单栏"设计 App"图标，打开"App 设计工具首页"，在"新建"一栏单击"空白 App""可自动调整布局的两栏式 App""可自动调整布局的三栏式 App"或者"示例"一栏中的例子。这里以空白 App 为例进行介绍。图 2-4 所示是 App 设计工具首页。

图 2-4　App 设计工具首页

左键单击"空白 App"，新建一个空白 App 设计环境。

2.2.2　添加组件

左键按住 PUSH 按钮，将其拖到画布中，建立一个"Button"按钮，如图 2-5 所示。

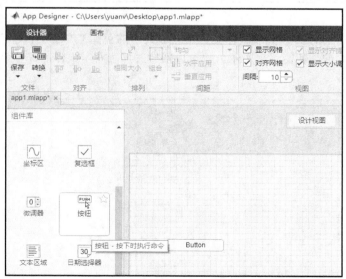

图 2-5　添加按钮组件

将组件添加到画布后，组件的名称将显示在组件浏览器中。可以在画布或组件浏览器中选择组件。无论是单独在画布中选择组件还是在组件浏览器中选择该组件的名字，系统都会自动在组件浏览器中和画布中同时选中该组件，如图 2-6 所示。

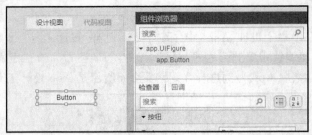

图 2-6　同时选中组件

当将某些组件（例如文本区域组件和滑块组件）拖到画布上时，系统会用标签对其进行分组，如图 2-7 所示。这些标签默认情况下不会出现在组件浏览器中，但是可以通过右键单击组件浏览器中的任意位置，然后选择"在组件浏览器中包括组件标签"将它们添加到列表中。如果不希望组件具有标签，则可以在将组件拖动到画布上时按住 Ctrl 键删除它，也可以在画布上选择标签，然后按 Delete 键或右键选择"剪切"来进行删除。

图 2-7　TextArea 在组件浏览器中的显示

如果组件具有标签，并且更改了标签文本（非数字的英文），则组件浏览器中组件的名称也将更改并与该文本匹配，如图 2-8 所示。也可以通过选择画布中组件的标签并输入新名称来自定义组件的名称。

图 2-8　在组件浏览器中修改名称

2.2.3　自定义组件

可以通过选择组件的外观，然后在"组件浏览器"的"检查器"选项卡中编辑其属性来自定义组件的外观。例如，在此选项卡中，可以更改按钮上显示的文本的对齐方式、字体和颜色等，如图 2-9 所示。

可以通过更改一些属性来限制组件的效果。例如，可以通过更改标签交互性中的 Editable 属性来确定运行时组件能否被编辑，如图 2-10 所示。

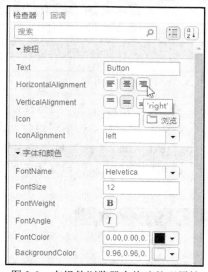

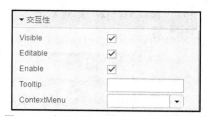

图 2-9　在组件浏览器中修改外观属性　　　图 2-10　在组件浏览器中修改交互性属性

可以通过双击组件直接在画布中编辑某些属性。例如，可以通过双击画布中的按钮并键入所需的文本来编辑该组件的文本。要添加多行文本，应按住"Shift+Enter"组合键，如图 2-11 所示。

图 2-11　在 TextArea 中添加多行文本

2.2.4　对齐和间隔组件

在设计视图中，可以通过在画布上拖动组件来排列和调整其大小，或者可以使用工具栏"画布"选项卡中的可用工具。

App Designer 提供对齐提示（在移动组件时），以帮助用户在画布中拖动组件时对齐它们。穿过多个组件中心的橙色虚线用于对它们进行中心对齐。边缘处的橙色实线用于对它们进行边缘对齐。垂直线表示组件在其父容器中居中。组件的对齐如图 2-12 所示。

除了在画布上拖动组件之外，还可以使用工具栏"对齐"部分中的工具来对齐组件，如图 2-13 所示。

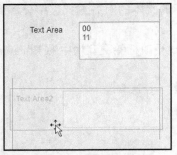

图 2-12　组件的对齐

图 2-13　工具栏中的对齐工具

使用对齐工具时，选定的组件将与定位组件对齐。定位组件是最后选择的组件，它的选择边界框比其他组件的粗。要改变定位组件，应按住 Ctrl 或 Shift 键，并单击所需组件两次（第一次取消选择，第二次再次选择）。例如，在图 2-14 中，"Text Area2"标签是定位组件，"Text Area"标签向"Text Area2"标签对齐。单击"左对齐"按钮可将下拉列表和复选框的左边缘与标签的左边缘对齐。

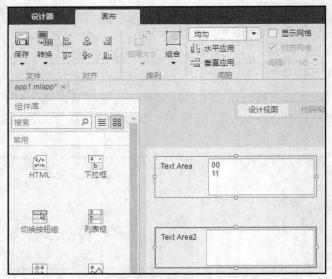

图 2-14　多组件的对齐

2.2.5　组件组

可以将两个或多个组件组合在一起，形成一个单元。例如，可以在确定多个组件的相对位置之后对它们进行组合，这样就可以在不更改它们相对位置的情况下移动它们。

要对多个组件进行组合，应在画布中选择它们，然后在工具栏的"排列"部分中选择"组合"→"组合"。图 2-15 给出了多组件组合的示例，图 2-16 给出了取消多组件组合的示例。

图 2-15　多组件组合

图 2-16　取消多组件组合

当然，也可以添加其他组件到组件组中，反之亦然。图 2-17 给出了将组件添加到组的示例。

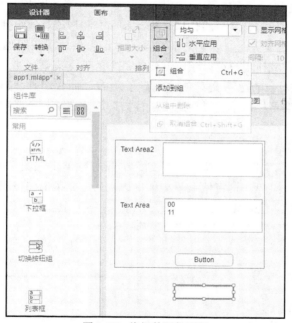

图 2-17　将组件添加到组

2.2.6　在容器中排列组件

将组件拖动到容器（如面板）中时，容器将变为蓝色，表示该组件是容器的子级。将组件放入容器中的过程也被称为建立父子关系。例如，图 2-18 中，在面板组件"Panel"（父容器）中放置文本区域"Text Area"（子容器），可以在组件浏览器中看到，app.TextArea 的上一级是 app.Panel。

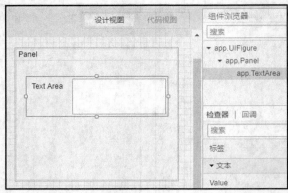

图 2-18　组件的父子关系

2.2.7　创建和编辑上下文菜单

App Designer 中有几种创建上下文菜单的方法。由于上下文菜单仅在右键单击正在运行的应用程序中的组件时才可见，因此在设计视图中，它们不会显示。这使得编辑上下文菜单的工作流程与其他组件略有不同。下面将讲解创建和编辑上下文菜单的方法。

（1）创建上下文菜单。

要创建上下文菜单，应将其从"组件库"拖动到 UI 图形或其他组件上，这会将上下文菜单分配给该组件的上下文菜单属性。创建上下文菜单时，它将显示在图形下方画布上的一个区域中。此"上下文菜单"区域用户可以预览创建的每个上下文菜单，并指示每个菜单分配给多少个组件。例如，图 2-19 中的上下文菜单被拖到了画布、面板组件"Panel"、文本区域"Text Area"上，显示了 3 个菜单栏。单击鼠标或将鼠标指针放置在某一个栏上，将会显示该菜单被分配给了哪个组件。

（2）编辑上下文菜单。

通过在"上下文菜单"区域中双击上下文菜单或右键单击该菜单并选择菜单名称的"编辑"选项来编辑该上下文菜单，这将使上下文菜单进入上下文菜单编辑区域，在该区域中可以编辑和添加菜单项和子菜单，完成编辑后，单击后退箭头（<）退出编辑区域，如图 2-20 所示。

图 2-19　放置上下文菜单组件

图 2-20　编辑上下文菜单

（3）更改上下文菜单分配。

① 要取消组件关联的上下文菜单，应右键单击该组件，然后选择"上下文菜单"→"取消分配上下文菜单"，如图 2-21 所示。

② 要将分配给组件的上下文菜单替换为另一个，可以将要替换为的上下文菜单拖动到组件上，或者可以右键单击该组件，选择"上下文菜单"→"替换为"，然后选择已创建的另一个上下文菜单，如图 2-22 所示。如果仅创建了一个上下文菜单，则"替换为"选项不会出现。

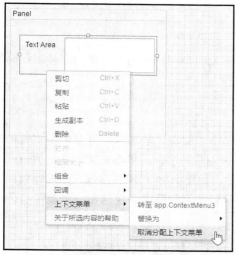

图 2-21　取消组件关联的上下文菜单

图 2-22　通过右键菜单替换分配给组件的上下文菜单

或者，在"组件浏览器"中选择一个组件，然后从"检查器"选项卡中选择"交互性"，展开 ContextMenu 下拉列表，再选择另一个上下文菜单以分配给该组件，如图 2-23 所示。

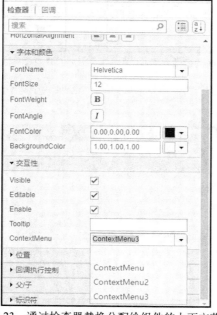

图 2-23　通过检查器替换分配给组件的上下文菜单

2.3 在 App Designer 中编写回调

回调是在用户与 App 中的 UI 组件交互时执行的函数。大多数组件都至少包含一个回调。但是，某些组件（如标签和信号灯）没有回调，因为这些组件仅显示信息。

要查看某个组件支持的回调的列表，应选择该组件，然后单击"组件浏览器"中的"回调"选项卡。

2.3.1 创建回调函数

为 UI 组件创建回调有多种方法，可以根据所使用的 App Designer 的不同功能来使用不同的方法。

（1）右键单击画布中的一个 Button 组件，然后选择"回调"→"添加××（回调属性）回调"，如图 2-24 所示。

（2）在"组件浏览器"中选择"回调"选项卡。单击"回调"选项卡，将显示受支持的回调属性列表。每个回调属性旁边的文本字段允许指定回调函数的名称，单击该文本字段旁边向下的三角形，可以选择以尖括号（< >）括起来的默认名称。如果 App 有现有回调，则下拉列表中会包含这些回调，如图 2-25 所示。当需要多个 UI 组件执行相同代码时，应选择一个现有回调。

图 2-24　添加回调函数

图 2-25　选择已有的回调函数

（3）在代码的"代码视图"中，在"编辑器"选项卡中单击"回调"图标，选择组件及相应的回调函数，如图 2-26 所示。

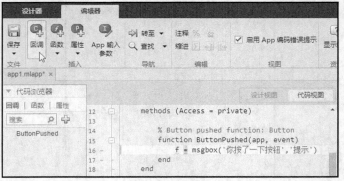

图 2-26　添加回调代码

（4）在代码的"代码视图"中，单击"回调"选项卡上"代码浏览器"边的""按钮，选择组件及相应的回调函数，如图 2-27、图 2-28 所示。

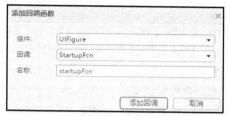

图 2-27　通过代码浏览器添加回调函数　　　　图 2-28　添加回调函数

在"添加回调函数"对话框中，有以下选项。

（1）组件。指定执行回调的 UI 组件。

（2）回调。指定回调属性。回调属性将回调函数映射到特定交互。某些组件具有多个可用的回调属性。例如，滑块具有两个回调属性：ValueChangedFcn 和 ValueChangingFcn。ValueChangedFcn 属性在用户移动滑块并释放鼠标后执行。用户移动滑块时，同一组件的 ValueChangingFcn 属性会重复执行。

（3）名称。为回调函数指定名称。AppDesigner 会提供默认名称，但可以在文本字段中更改该名称。如果 App 有现有回调，则名称字段旁边会有一个向下的箭头，表示可以从列表中选择一个现有回调。

2.3.2　使用回调函数输入参数

AppDesigner 中的所有回调函数均有以下参数。

（1）app，App 对象。使用此对象访问 App 中的 UI 组件以及存储为属性的其他变量。

（2）event，包含有关用户与 UI 组件交互的特定信息的对象。

app 参数为回调提供 App 对象。可以使用以下语法访问任何回调中的任何组件（以及特定于组件的所有属性）。

```
app.Component.Property
```

例如，以下命令将文本区域组件 TextArea 的颜色属性值设置为红色。在此示例中，文本区域组件的名称为 TextArea。

```
app.TextArea.FontColor = [1.00,0.00,0.00];
```

event 参数提供具有不同属性的对象，具体取决于正在执行的特定回调。对象属性包含与回调响应的交互类型相关的信息。例如，文本区域组件的 TextAreaValueChanged 回调中的 event 参数包含一个名为 Value 的属性。该属性在用户改变文本内容后存储文本值。以下是一个文本改变回调函数，它使用 event 参数使消息提示框显示 TextArea 中的值。

```
function TextAreaValueChanged(app, event)

    value = app.TextArea.Value;
```

```
    f = msgbox(value,'文本值')
end
```

2.3.3 在代码中搜索回调

如果 App 有很多回调，可以在"代码浏览器"中的"回调"选项卡顶部的搜索栏中键入其名称的一部分，以快速搜索并导航到特定回调。开始键入后，"回调"窗格的内容将被清除，但会显示符合搜索条件的回调函数，如图 2-29 所示。

左键单击一个搜索结果，系统将转到"代码视图"，并以亮色显示该回调函数的可编辑函数区域，可进入该区域进行代码编辑。如果右键单击搜索结果并选择"转至"，系统会将光标置于可编辑的回调函数中。

图 2-29　搜索回调函数

2.3.4 删除回调

右键单击"代码浏览器"的"回调"选项卡中的"回调"，并从上下文菜单中选择"删除"，可删除回调函数，如图 2-30 所示。

图 2-30　删除回调函数

按钮是一种 UI 组件，当用户按下并释放它们时，它们会作出响应。通过更改属性值，可以修改按钮的外观和行为。使用圆点表示法引用特定的对象和属性。

第 2 篇　App Designer 组件编程实例

　　第 2 篇分为 6 章内容，即第 3 章到第 8 章，其中第 3 章到第 7 章分类介绍了 App Designer 中的 21 个常用组件、3 个容器、3 个图窗工具、10 个仪器仪表组件、8 个航空航天组件，对每个组件的属性进行了介绍，辅以编程实例，使用表格、图文结合的方法，让读者能够真正快速了解组件、独立建立组件和进行回调的编程操作；第 8 章介绍了 App Designer GUI 生成可执行文件的方法。

　　本篇的每个章节力求通过实例和专题，让读者快速掌握 App Designer 组件编程的基本方法，达到快速入门并能独立编写软件的目的。

第 3 章　常用组件

常用组件有 21 个，见表 3-1。其中数值编辑字段和文本编辑字段、树和树（复选框）的使用方法和属性基本一样，后文会将它们分别合并在一起进行介绍。

表 3-1　　　　　　　　　　　　　　　　常用组件

序号	组件
1	HTML
2	下拉列表（DropDown）
3	按钮（Button）
4	切换按钮（ToggleButton）
5	按钮组（ButtonGroup）
6	列表框（ListBox）
7	图像组件（Image）
8	坐标区（UIAxes）
9	复选框（CheckBox）
10	微调器（Spinner）
11	文本区域（TextArea）
12	日期选择器（DatePicker）
13	标签（Label）
14	树（Tree）
15	树（复选框）（Tree）
16	滑块（Slider）
17	状态按钮（StateButton）
18	文本编辑字段（EditField）
19	数值编辑字段（NumericEditField）
20	表（Table）
21	超链接（Hyperlink）

3.1　HTML 属性及编程示例

借助 HTML UI 组件，可以显示原始 HTML 文本，或将 HTML、JavaScript 或 CSS 嵌入 App 及对接到第三方 JavaScript 库。HTML 属性控制着 HTML UI 组件的外观和行为。可以使用圆点表示法引用特定的对象和属性。

```
fig = uifigure;

h = uihtml(fig);

h.Position = [100 100 150 100];

h.HTMLSource = '<p style="font-family:sans-serif">This is <mark>marked</mark> text.</p>';
```

3.1.1　HTML 对象的属性

HTML 对象的主要属性见表 3-2。

表 3-2　　　　　　　　　　HTML 对象的主要属性

对象	属性	说明
HTML	HTMLSource	HTML 标记或文件，指定为字符向量或字符串标量，包含 HTML 标记或 HTML 文件的路径。所有 HTML 标记和文件必须采用正确格式。如果指定的字符向量或字符串标量以.html 结尾，则它假定为 HTML 文件的路径。 示例：h= uihtml('HTMLSource','CustomCharts.html') 指定 HTML 文件。示例：h = uihtml('HTMLSource','<p>This is red text.</p>')指定 HTML 标记
	Data	MATLAB 数据，指定为任何 MATLAB 数据类型。当 HTMLSource 的值是定义 JavaScript 对象的 HTML 文件的路径时，可使用此参数。然后，这些数据可以在 MATLAB HTML UI 组件和 JavaScript 对象之间同步
交互性	Visible	可见性状态
	Tooltip	工具提示
	ContextMenu	上下文菜单，使用此属性可在右键单击组件时显示上下文菜单
位置	Position	HTML UI 组件相对于父容器的位置和大小，指定为[left bottom width height]形式的四元素向量。此表介绍该向量中的每个元素。 ①left：父容器的内部左边缘与 HTML UI 组件的外部左边缘之间的距离。 ②bottom：父容器的内部下边缘与 HTML UI 组件的外部下边缘之间的距离。 ③width：HTML UI 组件的左右外部边缘之间的距离。

续表

对象	属性	说明
位置	Position	④height：HTML UI 组件的上下外部边缘之间的距离。Position 值相对于父容器的可绘制区域。可绘制区域是指容器边框内的区域，不包括装饰元素（如菜单栏或标题）所占的区域。所有测量值都以像素为单位
回调	DataChangedFcn	在数据更改时执行的回调
	CreateFcn	对象创建函数，此属性指定要在 MATLAB 创建对象时执行的回调函数。MATLAB 将在执行 CreateFcn 回调之前初始化所有属性值。如果不指定 CreateFcn 属性，则 MATLAB 执行默认的创建函数
	DeleteFcn	对象删除函数，此属性指定在 MATLAB 删除对象时要执行的回调函数
回调执行控制	Interruptible	回调中断，指定为'on'或'off'
	BusyAction	回调排队，指定为'queue'或'cancel'
父/子	HandleVisibility	对象句柄的可见性，指定为'on'、'callback'或'off'。此属性控制对象在其父级的子级列表中的可见性
标识符	Tag	对象标识符，指定为字符向量或字符串标量。可以指定唯一的 Tag 值作为对象的标识符

3.1.2 示例：模拟网页编辑文本

创建一个 HTML 组件，用于显示格式化文字。

预备知识：要创建 HTML 文件，可以采用记事本（notepad）。

首先启动记事本。按 "Windows + R"组合键，在"运行"对话框的"打开"文本框中输入"notepad"，单击"确定"按钮，即可打开记事本，如图 3-1 所示。

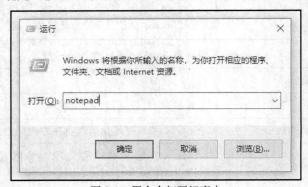

图 3-1　用命令打开记事本

在记事本中键入代码。

```
<html>

<head>
```

```
        <title>这是网页标签显示的内容</title>

    </head>

    <body>

        <p>这一行和下面几行是网页页面显示的内容</p>

        <h1>这是高亮显示的内容</h1>

        <p>这是网页页面显示的内容</p>

    </body>

    <html>
```

上述代码的具体作用如下。

首尾的<html>表示网页文件的开始和结束。<head>和</head>之间的<title>和</title>之间的内容是网页标签显示的内容，如果<head>和</head>之间没有<title>和</title>，那么<head>和</head>之间的文字将会显示在网页的第一行。<body>和</body>之间的内容是网页页面显示的内容，是主体部分。其中，<h1>和</h1>之间为高亮显示的内容，<p>和</p>之间为网页页面显示的内容。

将该文件另存为 1.html 文件，运行结果如图 3-2 所示。

具体步骤如下。

（1）设置布局和属性，如图 3-3 所示。

（2）本程序不需要编写代码。运行程序，运行结果如图 3-4 所示。

图 3-2　网页运行效果

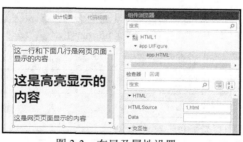
图 3-3　布局及属性设置

图 3-4　运行程序

> **提示**　编写 HTML 文件可以使用系统自带的 notepad，也可以使用功能更强大的 notepad++，该软件可以免费使用。

3.2　下拉列表（DropDown）

下拉列表（在 App Designer 组件库中被称为下拉框，在属性说明中被称为下拉列表）是一种 UI 组件，允许用户选择选项或键入文本。可通过属性控制下拉列表的外观和行为。可以使用圆点表示法引用特定的对象和属性。

```
fig = uifigure;

dd = uidropdown(fig);

dd.Items = {'Red','Green','Blue'};
```

3.2.1 DropDown 对象的属性

DropDown 对象的主要属性见表 3-3。

表 3-3   DropDown 对象的主要属性

对象	属性	说明
下拉框	Value	值，指定为 Items 或 ItemsData 数组的元素。默认情况下，Value 是 Items 中的第一个元素
	Items	下拉项，指定为字符向量元胞数组、字符串数组或一维分类数组。允许有重复元素。 示例：{'Red','Yellow','Blue'} 示例：{'1','2','3'}
	ItemsData	与 Items 属性值的每个元素关联的数据，指定为 1×n 数值数组或 1×n 元胞数组。允许有重复元素。 示例：{'One','Two','Three'} 示例：[10 20 30 40]
字体和颜色	FontName	字体名称，指定为系统支持的字体名称
	FontSize	字体大小，指定为正数
	FontWeight	字体粗细，指定为下列值之一。①'normal'：特定字体定义的默认粗细。②'bold'：字符轮廓比'normal'粗。 并非所有字体都有加粗字体，因此，指定加粗字体可能得到普通字体
	FontAngle	字体角度，指定为'normal'或'italic'
	FontColor	字体颜色
	BackgroundColor	背景颜色
交互性	Visible	可见性状态，指定为选中（'on'）或不选中（'off'）
	Enable	下拉组件的可编辑状态，指定为不选中（'off'）或选中（'on'）
	Tooltip	工具提示，指定为字符向量、字符向量元胞数组、字符串数组或一维分类数组。如果使用此属性，在运行中，当用户将指针悬停在组件上时将显示消息
	ContextMenu	上下文菜单
位置	Position	下拉组件相对于父级的位置和大小，指定为向量[left bottom width height]
回调	ValueChangedFcn	更改值后执行的回调。此回调函数可以访问有关用户与下拉组件的交互的特定信息

续表

对象	属性	说明
回调	CreateFcn	对象创建函数
	DeleteFcn	对象删除函数
回调执行控制	Interruptible	回调中断
	BusyAction	回调排队
父/子	HandleVisibility	对象句柄的可见性
标识符	Tag	对象标识符

3.2.2　示例：简单的点餐提示

创建一个下拉列表，用于选择主食（米饭、馒头、包子、面条、米线、胡辣汤），并通过 Label 标签显示所选择的结果，以及温馨提示。

具体步骤如下。

（1）设置布局和属性。

在画布上布置 1 个下拉列表（DropDown）和 1 个标签（Label）。由于下拉列表按钮自带一个 Label，所以，新增的标签会显示为 Label_2。选中下拉列表标签，将文本标签（Text）的值改为"主食"。选中下拉列表（DropDown），将其 Value 值修改为"米饭"，作为初始值；在下拉项（Items）中修改原来的值为米饭、馒头、包子、面条、米线、胡辣汤 6 行字符。选中 Label_2，初始化其文本内容为"你选择了："，选中 WordWrap 复选框。布局和属性的设置见图 3-5。

图 3-5　布局及属性设置

（2）添加回调函数，进入回调代码编辑界面。

添加回调函数，进入回调代码编辑界面。右键单击"组件浏览器"中的"app.DropDown"，在弹出的菜单中选择"回调"→"转至 DropDownValueChanged 回调"跳转至代码编辑窗口。添加回调函数的过程如图 3-6 所示。

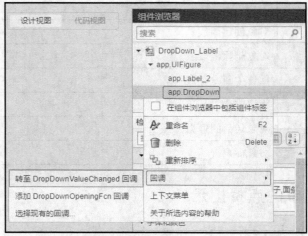

图 3-6　添加回调函数

（3）进入代码视图，编写回调代码，实现相关功能。

采用 strcat 函数连接字符串，使用 ASCII 码换行符 10 进行换行操作。代码如图 3-7 所示。

（4）运行程序，如图 3-8 所示。

图 3-7　编写代码

图 3-8　运行程序

3.3　按钮（Button）

在画布中添加 1 个 Button 组件，左键单击该按钮，在 App Designer 右侧"组件浏览器"中的"检查器"可以查看按钮组件的属性。

3.3.1　Button 对象的属性

Button 对象的主要属性见表 3-4。

表 3-4　　　　　　　　　　　　　　　Button 对象的主要属性

对象	属性	说明
按钮	Text	按钮标签，指定为字符向量、字符向量元胞数组、字符串标量、字符串数组或一维分类数组。如果指定字符向量或字符串标量，将为按钮添加单行文本标签。如果使用元胞数组或字符串

对象	属性	说明
按钮	Text	数组，将为按钮添加多行文本标签。数组中的每个元素代表一行文本
	WordWrap	当按钮上显示的文本标签左右方向的长度超过按钮的长度时，文字是否换行。选中则换行显示，否则不换行，只显示按钮长度范围内的内容。如果按钮的上下高度小于文本换行后的高度，仍然无法全部显示文本标签内容
	HorizontalAlignment	图标和文本的水平对齐方式，指定为'center'、'left'或'right'。水平对齐基于按钮边框内的区域。当文本占满按钮的整个宽度时，设置此属性在 UI 中没有明显的效果
	VerticalAlignment	图标和文本的垂直对齐方式，指定为'center'、'top'或'bottom'。垂直对齐基于按钮边框内的区域。当文本高度占满按钮的整个高度时，设置此属性在 UI 中没有明显的效果
	Icon	图标源或文件。如果指定文件名，它可以是 MATLAB 路径中的图像文件名或图像文件的完整路径。 示例：'icon.png'为 MATLAB 路径中的图标文件。 示例：'C:\Documents\icon.png'为图像文件的完整路径
	IconAlignment	图标相对于按钮文本的位置，指定为'left'、'right'、'top'或'bottom'。如果 Text 属性为空，则图标将使用 HorizontalAlignment 和 VerticalAlignment 属性，而不使用 IconAlignment 属性
字体和颜色	FontName	字体名称，指定为系统支持的字体名称。默认字体取决于具体操作系统和区域设置。如果指定的字体不可用，MATLAB 将使用运行 App 的系统上的可用字体中的最佳匹配项。 示例：'Arial'
	FontSize	字体大小，指定为正数。测量单位为像素。默认字体大小取决于具体操作系统和区域设置。 示例：14
	FontWeight	字体粗细，指定为下列值之一。 ①'normal'：特定字体定义的默认粗细。 ②'bold'：字符轮廓比'normal'粗。 并非所有字体都有加粗字体，因此，指定加粗字体可能得到普通字体
	FontAngle	字体角度，指定为'normal'或'italic'。将此属性设置为'italic'，可选择字体的倾斜版本（如果 App 用户的系统上提供了该字体）
	FontColor	字体颜色
	BackgroundColor	背景颜色
交互性	Visible	可见性状态，指定为选中（'on'）或不选中（'off'），选中则可见，

续表

对象	属性	说明
交互性	Visible	否则不可见。 要使 App 更快地启动，可将在启动时不需要出现的所有 UI 组件的 Visible 属性设置为'off'
	Enable	工作状态，选中（'on'）可以触发回调，否则，组件将灰显，App 用户无法与其交互，并且它不会触发回调
	Tooltip	工具提示，指定为字符向量、字符向量元胞数组、字符串数组或一维分类数组。如果使用此属性，在运行中，当用户将指针悬停在组件上时将显示消息。即使禁用组件，工具提示也会显示。要显示多行文本，可指定字符向量元胞数组或字符串数组。数组中的每个元素变为一行文本
	ContextMenu	上下文菜单，指定为使用 uicontextmenu 函数创建的 ContextMenu 对象。使用此属性可在右键单击组件时显示上下文菜单
位置	Position	按钮相对于父容器的位置和大小，指定为向量[leftbottomwidth height]。 ①left：父容器的内部左边缘与按钮的外部左边缘之间的距离。 ②bottom：父容器的内部下边缘与按钮的外部下边缘之间的距离。 ③width：按钮的左右外部边缘之间的距离。 ④height：按钮的上下外部边缘之间的距离。 所有测量值都以像素为单位。 Position 值相对于父容器的可绘制区域。可绘制区域是指容器边框内的区域，不包括装饰元素（如菜单栏或标题）所占的区域
回调	ButtonPushedFcn	按下按钮后执行的回调，指定为下列值之一。 ①函数句柄。 ②第一个元素是函数句柄的元胞数组。元胞数组中的后续元素是传递到回调函数的参数。 ③包含有效 MATLAB 表达式的字符向量（不推荐）。MATLAB 在基础工作区计算此表达式。 当用户单击 App 中的按钮时，将会执行此回调
	CreateFcn	对象创建函数，指定为下列值之一。 ①函数句柄。 ②第一个元素是函数句柄的元胞数组。元胞数组中的后续元素是传递到回调函数的参数。 ③包含有效 MATLAB 表达式的字符向量（不推荐）。MATLAB 在基础工作区计算此表达式

续表

对象	属性	说明
回调	DeleteFcn	对象删除函数，指定为下列值之一。 ①函数句柄。 ②第一个元素是函数句柄的元胞数组。元胞数组中的后续元素是传递到回调函数的参数。 ③包含有效 MATLAB 表达式的字符向量（不推荐）。MATLAB 在基础工作区计算此表达式
回调执行控制	Interruptible	回调中断，选中（'on'）则可以中断运行中回调，否则不可以。有以下两种回调状态要考虑。 ①运行中回调是当前正在执行的回调。 ②中断回调是试图中断运行中回调。 每当 MATLAB 调用回调时，回调都会试图中断正在运行的回调（如果存在）。运行中回调所属对象的 Interruptible 属性决定着是否允许中断
	BusyAction	回调排队，指定为'queue'或'cancel'。BusyAction 属性决定 MATLAB 如何处理中断回调的执行。无论何时 MATLAB 调用回调，该回调都会试图中断运行中回调。运行中回调所属对象的 Interruptible 属性决定着是否允许中断。如果不允许中断，则中断回调所属对象的属性 BusyAction 将决定是放弃该回调还是将回调放入队列中。 ①'queue'：将中断回调放入队列中，以便在运行中回调执行完毕后进行处理。 ②'cancel'：不执行中断回调
父/子	HandleVisibility	对象句柄的可见性，指定为'on'、'callback'或'off'。 此属性控制对象在其父级的子级列表中的可见性。 ①'on'：对象始终可见。 ②'callback'：对象对于回调或回调调用的函数可见，但对于命令行调用的函数不可见。此选项阻止通过命令行访问对象，但允许回调函数访问对象。 ③'off'：对象始终不可见。该选项用于防止另一函数无意中对 UI 进行更改。将 HandleVisibility 设置为'off'，可在执行该函数时暂时隐藏对象
标识符	Tag	对象标识符，指定为字符向量或字符串标量。可以指定唯一的 Tag 值作为对象的标识符。如果需要访问代码中其他位置的对象，可以使用 findobj 函数基于 Tag 值搜索对象

3.3.2　示例：计算并显示 LaTeX 表达式

创建一个按钮，将按钮文本标签改为"计算"，字体大小设置为 16 号黑体，颜色为 blue。

单击"计算"按钮，对话框弹出计算公式 2^6（2 的 6 次幂）及计算结果。

具体步骤如下。

（1）设置布局和属性。拖放一个 Button 组件到画布中，单击鼠标左键选中该组件，在"组件浏览器"的"检查器"中设置相关属性。可以根据组件的布局和想要呈现的设计界面大小调整 Button 组件的大小和画布大小，如图 3-9 所示。

提示　　文本标签（Text）可以直接输入，中间可以加空格；字体名称（FontName）可以直接输入，不用在下拉菜单中选择；字体大小（FontSize）可以直接输入数字，根据显示效果调整数值大小即可。

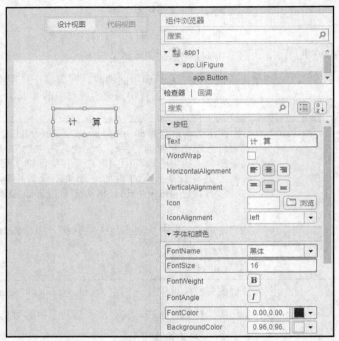

图 3-9　在设计视图下设置组件的属性

（2）添加回调函数，进入回调代码编辑界面。右键单击"计算"按钮，在弹出菜单中选择"回调"→"添加 ButtonPushedFcn 回调"，如图 3-10 所示。

（3）进入代码视图，系统会自动给出 3 个提示，"添加回调""选择并重命名组件""访问组件属性"，如图 3-11 和图 3-12 所示。

添加回调：对于按钮事件，只有一个 ButtonPushed 回调。

选择并重命名组件：可以在"组件浏览器"中双击"app.Button"，此时可以更改 Button 为其他字符，更改后代码也将随之改变。可以将 Button 修改为该功能的名字，如 Sum、JiSuan 等字符，便于复杂功能多行代码的调试审核。一般较简单的代码项目不建议修改，可以采用加备注的方式。

访问组件属性：可以通过"检查器"来查看组件属性。

进入代码视图后，光标将定位在回调函数的可编辑部分，如图 3-13 所示，可以在这里进行功能编写。

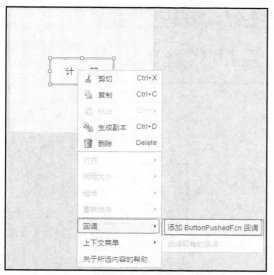

图 3-10　在设计视图下添加回调函数

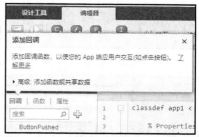

图 3-11　系统提示"添加回调"

图 3-12　系统提示"选择并重命名组件"和"访问组件属性"

（4）编写回调代码，实现相关功能，如图 3-14 所示。

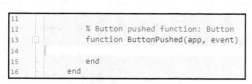

图 3-13　代码编辑部分

图 3-14　代码及其解释

（5）运行程序。可以通过按 F5 键，单击"编辑器"选项卡或者顶部"自定义快速访问工具栏"中的"运行"图标来运行程序。图 3-15～图 3-17 所示为运行程序的操作过程。

图 3-15　运行程序

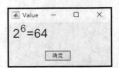

图 3-16　运行程序弹出 App 界面　　　图 3-17　单击"计算"按钮后对话框显示计算内容

3.4　单选按钮组（控制按钮组）（ButtonGroup）

按钮组是用于管理一组互斥的单选按钮和切换按钮的容器。可通过属性控制按钮组的外观和行为。可以使用圆点表示法引用特定的对象和属性。

```
fig = uifigure;
bg = uibuttongroup(fig);
bg.Title = 'Options';
```

3.4.1　ButtonGroup 和 Button 对象的属性

ButtonGroup 对象的属性见表 3-5，Button 的属性见表 3-6。

表 3-5　　　　　　　　　　　　　　　ButtonGroup 对象的主要属性

对象	属性	说明
标题	Title	标题。如果要指定 Unicode 字符，则将 Unicode 十进制码传递到 char 函数。例如，['Multiples of ' char(960)]显示为 Multiples of π
	TitlePosition	标题的位置，分别为居左、居中、居右
颜色和样式	ForegroundColor	标题颜色
	BackgroundColor	背景颜色
	BorderType	按钮组的边框类型，指定为'line'或'none'
字体	FontName	字体名称
	FontSize	字体大小
	FontWeight	字体粗细
	FontAngle	字体角度

续表

对象	属性	说明
交互性	Visible	可见性状态，选中（"on"）则可见，否则不可见
	Enable	工作状态。选中（"on"）则 App 用户可以与组件进行交互，否则组件将灰显，指示 App 用户无法与其交互，并且它不会触发回调
	Tooltip	工具提示。输入内容后，在运行中，当用户将指针悬停在组件上时，将显示消息
	Scrollable	滚动能力，选中则可以在容器内滚动，但是还有其他要求。①容器中子组件占用的区域必须大于容器一次可显示的区域。②容器无法容纳的组件，必须位于容器的上方或右侧，不能滚动到容器下方或左侧
	ContextMenu	上下文菜单
位置	Position	按钮组的位置和大小
	AutoResizeChildren	自动调整子组件的大小。选中后，当容器大小变化时，子组件会自动调整大小。不选中，子组件不调整大小。要禁用 App 的大小调整，可将图窗的 Resize 属性设置为'off'
回调	SelectionChangedFcn	所选内容改变时的回调。当用户从 App 的按钮组中选择不同的按钮时，将会执行此回调。如果以编程方式更改单选按钮或切换按钮的 Value 属性，将不会执行此回调
	SizeChangedFcn	更改大小时执行的回调。定义此回调在此容器的大小更改时（例如当用户调整窗口大小时）自定义 App 布局
	CreateFcn	对象创建函数
	DeleteFcn	对象删除函数
回调执行组件	Interruptible	回调中断。选中（'on'）时，允许其他回调中断对象的回调，否则，阻止所有中断尝试
	BusyAction	回调排队。选中'queue'，将中断回调放入队列中，以便在运行中回调执行完毕后进行处理。选中'cancel'，不执行中断回调
父/子	HandleVisibility	对象句柄的可见性，指定为'on'、'callback'或'off'。 ① 'on'：对象始终可见。 ② 'callback'：对象对于回调或回调调用的函数可见，但对于命令行调用的函数不可见。此选项阻止通过命令行访问对象，但允许回调函数访问对象。 ③ 'off'：对象始终不可见。该选项用于防止另一函数无意中对 UI 进行更改。将 HandleVisibility 设置为'off'，可在执行该函数时暂时隐藏对象
标识符	Tag	对象标识符

表 3-6　　　　　　　　　　ButtonGroup 中 Button 的属性

对象	属性	说明
按钮	Value	Button 的状态。当 Value 属性设置为 1 时，复选框处于选中状态（√）。当 Value 属性设置为 0 时，复选框处于清除状态

注：其他属性同 Button

3.4.2 示例：简单的数据传递

创建 1 个单选按钮组（ButtonGroup），将单选按钮组重命名为"选择数字"；分别为每一个 Button 创建一个数值编辑字段组件。程序运行后，当选择 Button 时，ButtonGroup 上方的 Title 就会变成选择的对应按钮数值编辑字段里面的数字。

具体步骤如下。

（1）设置布局和属性。

在画布上添加 1 个单选按钮组，并添加与之对应的 3 个数值编辑字段组件，通过画布菜单栏水平应用和垂直应用来排列每个 Button 和 EditField 的相对位置，使其摆放美观。通过双击画布中的 ButtonGroup 字样，修改单选按钮组标题为"选择数字"。删除数值编辑字段组件的标签，只保留文本框部分；双击文本框，分别将内容修改为1、2、3。界面布局如图 3-18 所示。

（2）添加回调函数，进入回调代码编辑界面。如图 3-19 所示，右键单击"组件浏览器"中的"app.ButtonGroup"，在弹出菜单中选择"回调"→"添加 SelectionChangedFcn 回调"，跳转至代码编辑窗口，此时 MATLAB App Designer 跳转至 ButtonGroupSelection Changed 函数。

图 3-18　界面布局　　　　　　　　　　　图 3-19　添加回调函数

（3）进入代码视图，编写回调代码，实现相关功能，如图 3-20 所示。

```
23          % Selection changed function: ButtonGroup
24    ┌      function ButtonGroupSelectionChanged(app, event)
25    │          selectedButton = app.ButtonGroup.SelectedObject;
26    │          if strcmp(selectedButton.Text,'Button3')==1
27    │              app.ButtonGroup.Title = "选择了数字"+...
28    │                  app.EditField_3.Value;
29    │          elseif strcmp(selectedButton.Text,'Button2')==1
30    │              app.ButtonGroup.Title = "选择了数字"+...
31    │                  app.EditField_2.Value;
32    │          else
33    │              app.ButtonGroup.Title = "选择了数字"+...
34    │                  app.EditField.Value;
35    │          end
36    └      end
```

图 3-20　编写回调代码

注意	此处采用了字符串对比函数 strcmp，tf=strcmp(s1,s2)比较 s1 和 s2，如果二者相同，则返回 1（true），否则返回 0（false）。如果文本的大小和内容相同，则它们将被视为相等。返回结果 tf 的数据类型为 logical。

输入参数可以是字符串数组、字符向量和字符向量元胞数组的任何组合。

（4）运行程序，如图 3-21 所示。

图 3-21　运行程序

> **提示**　如果在初始化界面阶段不想让系统默认选中第 1 个 Button，有两个方法可以采用。

① 选中"组件浏览器"中的其他按钮，如"app.Button2"，在"检查器"中勾选"Value"复选框，如图 3-22 所示。也可以在代码视图下选择"Button2"，如图 3-23 所示，然后在"检查器"中勾选"Value"复选框。

图 3-22　在"组件浏览器"窗口中选择"Button2"　　图 3-23　在代码视图下选择"Button2"

② 在"组件浏览器"中，选中主程序名（在本例中为 ButtonGroup_20201110），单击右键，在弹出菜单中依次选择"回调"→"添加 StartupFcn 回调"，如图 3-24 所示。进入代码视图，在编辑区域输入代码，如图 3-25 所示。

```
app.Button2.Value = true;
```

运行后自动将 Button2 设置为选中状态。

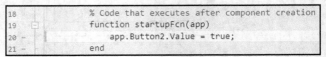

图 3-24　添加 StartupFcn 回调　　　　　　　　　　　　　　　图 3-25　输入代码

3.5　切换按钮组（ToggleButtonGroup）

单选按钮（radio button）和切换按钮（toggle button）在按钮组中统称为 ButtonGroup，这里为了区分两者，将切换按钮组写为 ToggleButtonGroup。

3.5.1　ToggleButtonGroup 对象的属性

MATLAB 将按钮组统一命名为 ButtonGroup，单选按钮组和切换按钮组属性相同。

3.5.2　示例：模拟电梯运行楼层并播放语音提示

模拟单人电梯启动提示。创建 1 个单选按钮组（ButtonGroup），实现按某一个按钮，该按钮背景颜色就改变，并播放相应的语音提示的功能。如按下 5 层按钮，播放语音提示："您要到 5 层，请站稳，马上启动"。

具体步骤如下。

（1）设置布局和属性。

在画布中添加一个切换按钮组，将按钮数量增加至 6 个，对各个按钮进行垂直距离调整，并相应地调整切换按钮组框架大小；在"组件浏览器"的"检查器"中将按钮的 Text 值做相应更改，将字体加粗。最后布局如图 3-26 所示。

选中 3 层按钮的 Value 值，将该按钮设置为初始按钮。

（2）添加回调函数，进入回调代码编辑界面。右键单击"组件浏览器"中的"app.ButtonGroup"，在弹出菜单中选择"回调"→"添加 Selection ChangedFcn 回调"，打开代码编辑窗口，此时 MATLAB App Designer 跳转至 ButtonGroupSelectionChanged 函数。

图 3-26　界面布局

（3）进入代码视图，编写回调代码，实现相关功能。

使用 switch…case 语句来设置每个按钮的颜色，使选中的按钮颜色变成绿色，其他按钮颜色不变，并播放语音提示。语音可以用免费的网络在线语音制作工具来制作，将生成的语音文件放至和代码相同的文件夹。

输入的代码如图 3-27 所示，中间代码省略。

```
18        % Selection changed function: ButtonGroup
19        function ButtonGroupSelectionChanged(app, event)
20            selectedButton = app.ButtonGroup.SelectedObject;
21            switch selectedButton.Text
22                case '1层'
23                    app.Button1.BackgroundColor=[0.00,1.00,0.00];
24                    app.Button2.BackgroundColor=[0.96,0.96,0.96];
25                    app.Button3.BackgroundColor=[0.96,0.96,0.96];
26                    app.Button4.BackgroundColor=[0.96,0.96,0.96];
27                    app.Button5.BackgroundColor=[0.96,0.96,0.96];
28                    app.Button6.BackgroundColor=[0.96,0.96,0.96];
29                    [y,Fs] = audioread('F1.wav');
30                    sound(y,Fs)


58                case '5层'
59                    app.Button5.BackgroundColor=[0.00,1.00,0.00];
60                    app.Button1.BackgroundColor=[0.96,0.96,0.96];
61                    app.Button2.BackgroundColor=[0.96,0.96,0.96];
62                    app.Button3.BackgroundColor=[0.96,0.96,0.96];
63                    app.Button4.BackgroundColor=[0.96,0.96,0.96];
64                    app.Button6.BackgroundColor=[0.96,0.96,0.96];
65                    [y,Fs] = audioread('F5.wav');
66                    sound(y,Fs)
67                otherwise
68                    app.Button6.BackgroundColor=[0.00,1.00,0.00];
69                    app.Button1.BackgroundColor=[0.96,0.96,0.96];
70                    app.Button2.BackgroundColor=[0.96,0.96,0.96];
71                    app.Button3.BackgroundColor=[0.96,0.96,0.96];
72                    app.Button4.BackgroundColor=[0.96,0.96,0.96];
73                    app.Button5.BackgroundColor=[0.96,0.96,0.96];
74                    [y,Fs] = audioread('F6.wav');
75                    sound(y,Fs)
76            end
77        end
```

图 3-27　输入代码

提示　在对按钮进行背景颜色设置时，先选中该按钮，再单击"组件浏览器"→"检查器"→"字体和颜色"→"BackgroundColor"，接着单击 BackgroundColor 后面的"▼"按钮，在弹出的颜色里面选择颜色，然后复制 BackgroundColor 文本框里所出现的数字，将其粘贴至代码的相应位置即可，如图 3-28 所示。

（4）运行程序，如图 3-29 所示。

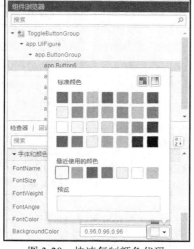

图 3-28　快速复制颜色代码

图 3-29　运行程序

注意	按钮组会默认一个按钮为启动按钮，程序开始运行后，单击该按钮不会发生变化，只有先单击其他按钮，再回来单击该按钮，其下的代码才会生效。要避免这种情况，可以增加一个按钮，将其设置为运行不可见。

3.6　列表框（ListBox）

列表框是一种 UI 组件，用于显示列表中的项目。可以通过属性控制列表框的外观和行为。可以使用圆点表示法引用特定的对象和属性。

```
fig = uifigure;

list = uilistbox(fig);

list.Items = {'Red','Green','Blue'};
```

3.6.1　ListBox 对象的属性

ListBox 对象的主要属性见表 3-7。

表 3-7　　　　　　　　　　　　　ListBox 对象的主要属性

对象	属性	说明
列表框	Value	值，默认为显示 Items 的第一个元素的值
	Items	列表框项目，指定为字符向量元胞数组、字符串数组或一维分类数组。允许有重复元素。选择后 Value 值将显示该选中的值
	ItemsData	与 Items 属性值的每个元素关联的数据，指定为 1×n 数值数组或 1×n 元胞数组。允许有重复元素
字体和颜色	FontName	字体名称
	FontSize	字体大小
	FontWeight	字体粗细
	FontAngle	字体角度
	FontColor	字体颜色
	BackgroundColor	背景颜色
交互性	Visible	可见性状态
	Multiselect	多项目选择，指定为选中（'on'）或不选中（'off'）。如果将此属性设置为选中（'on'），则允许用户同时选择多个项目
	Enable	工作状态
	Tooltip	工具提示
	ContextMenu	上下文菜单

续表

对象	属性	说明
位置	Position	列表框相对于父容器的位置和大小，指定为向量[left bottom width height]。 ① left：父容器的内部左边缘与列表框的外部左边缘之间的距离。 ② bottom：父容器的内部下边缘与列表框的外部下边缘之间的距离。 ③ width：列表框的左右外部边缘之间的距离。 ④ height：列表框的上下外部边缘之间的距离。 所有测量值都以像素为单位。 Position 值相对于父容器的可绘制区域。可绘制区域是指容器边框内的区域，不包括装饰元素（如菜单栏或标题）所占的区域。 示例：[100 100 100 200]
回调	ValueChangedFcn	更改值后执行的函数
	CreateFcn	对象创建函数
	DeleteFcn	对象删除函数
回调执行控制	Interruptible	回调中断
	BusyAction	回调排队
父/子	HandleVisibility	对象句柄的可见性
标识符	Tag	对象标识符

3.6.2　示例：图书书目选择

创建 1 个列表框，用于选择书目（《灰犀牛》《黑天鹅》《认知陷阱》《新华字典》《堂吉诃德》《哈利·波特》），并通过 Label 标签显示所选择的结果。

具体步骤如下。

（1）设置布局和属性。

选择 ListBox 组件，将其标签改为"书目"，Items 值修改为上述书的名字；增加 1 个 Label 组件，将其 Text 值改为"您选择的书目为："。布局及属性设置见图 3-30。

图 3-30　布局及属性设置

（2）添加回调函数，进入回调代码编辑界面。

右键单击"app.ListBox"，添加回调函数 ListBoxValueChanged，进入回调代码编辑界面，如图 3-31 所示。

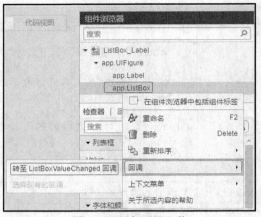

图 3-31　添加回调函数

（3）进入代码视图，编写回调代码，实现相关功能，如图 3-32 所示。

（4）运行程序，如图 3-33 所示。左图为界面初始化时的样子，右图为单击"认知陷阱"后界面显示的内容。

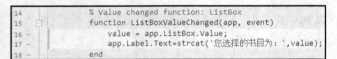

图 3-32　编写代码

图 3-33　运行程序

3.7　图像（Image）

图像是允许显示图片的 UI 组件，如 App 中的图标或徽标。Image 属性控制图像的外观和行为。可以使用圆点表示法引用特定的对象和属性。

```
fig = uifigure;

im = image(fig);

im.ImageSource = ' cutecat.jpg';
```

3.7.1　Image 对象的属性

Image 对象的主要属性见表 3-8。

表 3-8   Image 对象的主要属性

对象	属性	说明
图像	ImageSource	图像源或文件，指定为字符向量、字符串标量或 m×n×3 真彩色图像数组。如果指定文件名，它可以是 MATLAB 路径中的图像文件名或图像文件的完整路径。如果计划与他人共享某个 App，可将图像文件放在 MATLAB 路径中，以便于打包 App。 支持的图像格式包括 JPEG、PNG、GIF、SVG 或 m×n×3 真彩色图像数组
	HorizontalAlignment	图像组件区域内水平对齐呈现图像的方式，包括左对齐、垂直居中对齐、右对齐。水平对齐相对于图像组件的内边框。当 ScaleMethod 属性值设置为'stretch'时，设置此属性不起作用
	VerticalAlignment	图像组件区域内垂直对齐呈现图像的方式，包括上对齐、水平居中对齐、下对齐。垂直对齐相对于图像组件的内边框。当 ScaleMethod 属性值设置为'stretch'时，设置此属性不起作用
	ScaleMethod	图像缩放方法。 ① 'fit'：在任意方向上缩放，以在组件区域内显示图像，并保持纵横比，而不进行裁剪。 ② 'fill'：在任意方向上缩放，以填充组件区域，保持纵横比并在必要时进行裁剪。 ③ 'none'：使图像保持实际大小和纵横比。如果组件区域小于图像，图像将被裁剪。 ④ 'scaledown'：缩小图像并保持纵横比，不裁剪图像。如果原始图像大于组件区域，则图像缩小，呈现效果与 Scale Method 设置为'fit'时一样。如果原始图像小于组件区域，则图像不缩小，呈现效果与 ScaleMethod 设置为'none'时一样。 ⑤ 'scaleup'：放大图像并保持纵横比，不裁剪图像。如果原始图像小于组件区域，则图像放大，呈现效果与 ScaleMethod 设置为'fit'时一样。如果原始图像大于组件区域，则图像不放大，呈现效果与 ScaleMethod 设置为'none'时一样。 ⑥ 'stretch'：在任意方向上缩放，以填充组件区域，不保持纵横比，也不进行裁剪
颜色	BackgroundColor	背景颜色
交互性	Visible	可见性状态
	Enable	工作状态
	Tooltip	工具提示
	ContextMenu	上下文菜单
位置	Position	图像组件相对于父组件的位置和大小，指定为向量[left bottom width height]。 ① left：父容器的内部左边缘与图像组件的外部左边缘之间的距离。 ② bottom：父容器的内部下边缘与图像组件的外部下边缘之间的距离。 ③ width：图像组件的左右外部边缘之间的距离。 ④ height：图像组件的上下外部边缘之间的距离。 所有测量值都以像素为单位。 Position 值相对于父容器的可绘制区域。可绘制区域是指容器边框内的区域，不包括装饰元素（如菜单栏或标题）所占的区域

续表

对象	属性	说明
回调	ImageClickedFcn	单击图像后执行的回调，指定为下列值之一。 ①函数句柄。 ②第一个元素是函数句柄的元胞数组。元胞数组中的后续元素是传递到回调函数的参数。 ③包含有效 MATLAB 表达式的字符向量（不推荐）。MATLAB 在基础工作区计算此表达式。 当用户单击 App 中的图像时，将执行此回调。 此回调函数可以访问有关用户与图像的交互的特定信息。MATLAB 将 ImageClickedData 对象中的此信息作为第二个参数传递给回调函数。在 App Designer 中，该参数名为 event。可以使用圆点表示法查询对象的属性。例如，event.Source 返回用户正在与之交互的 Image 对象以触发回调。ImageClickedData 对象不可用于指定为字符向量的回调函数。 下面列出了 ImageClickedData 对象的属性和值。 EventName: 'ImageClicked' Source：执行回调的组件
	CreateFcn	对象创建函数
	DeleteFcn	对象删除函数
回调执行控制	Interruptible	回调中断
	BusyAction	回调排队
父/子	HandleVisibility	对象句柄的可见性
标识符	Tag	对象标识符

3.7.2 示例：单击图片打开网站主页

创建 1 个图像组件，用于显示图片，当单击图片时会打开某一个网站。

具体步骤如下。

（1）设置布局和属性。在 ImageSource 浏览到要显示的图片（注意图片应和源代码在同一文件夹），将 ScaleMethod 值设置为"fit"。拖动图像组件，使图片大小合适，如图 3-34 所示。

图 3-34　布局及属性设置

（2）添加回调函数，进入回调代码编辑界面，如图 3-35 所示。

图 3-35　添加回调函数

（3）进入代码视图，编写回调代码，实现相关功能，如图 3-36 所示。

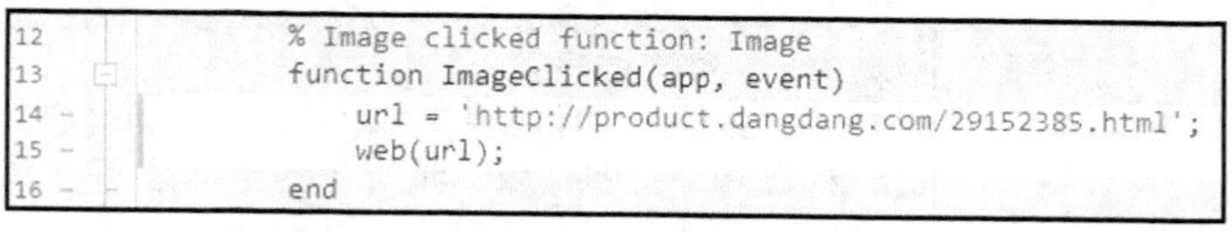

```
12          % Image clicked function: Image
13          function ImageClicked(app, event)
14              url = 'http://product.dangdang.com/29152385.html';
15              web(url);
16          end
```

图 3-36　编写代码

（4）运行程序。单击图片后将会打开相应的网站，如图 3-37 所示。

图 3-37　运行程序

3.8　坐标区（UIAxes）

UIAxes 属性可控制 UIAxes 对象的外观和行为。通过更改属性值，可以修改坐标区特定方面的设置。

```
ax = uiaxes;

ax.Color = 'blue';
```

下面列出的属性对于 App Designer 中的坐标区或使用 uifigure 函数创建的图窗中的坐标区有效。

3.8.1　UIAxes 对象的属性

UIAxes 对象的属性比较多，主要属性见表 3-9。

表 3-9   UIAxes 对象的主要属性

对象	属性	说明
标签	Title.String	坐标区标题的文本对象
	XLabel.String,YLabel.String, Zlabel.String	轴标签的文本对象
	Subtitle.String	坐标区副标题的文本对象
字体	FontName	字体名称
	FontWeight	字体粗细,指定为'normal'或'bold'。MATLAB 使用 Font Weight 属性从系统提供的字体中选择一种字体。并非所有字体都有加粗字体,因此,指定加粗字体仍可能得到普通字体
	FontSize	字体大小,指定为数值标量。字体大小会影响标题、轴标签和刻度标签,还会影响与坐标区关联的任何图例或颜色栏。默认情况下,字体大小以像素为单位进行测量。默认字体大小取决于具体操作系统和区域设置。 MATLAB 会自动将某些文本缩放为坐标区字体大小的百分比。 ① 标题和轴标签:默认情况下为坐标区字体大小的110%。要控制缩放比例,可使用 TitleFontSize Multiplier 和 LabelFont SizeMultiplier 属性。 ② 图例和颜色栏:默认情况下为坐标区字体大小的 90%。要指定不同的字体大小,可设置 Legend 或 Colorbar 对象的 FontSize 属性。 示例:ax.FontSize=12
	FontSizeMode	字体大小的选择模式,指定为以下值之一。 ① 'auto':MATLAB 指定的字体大小。如果将坐标区调整为小于默认大小,则字体大小可能会缩小,以改善可读性和布局。 ② 'manual':手动指定字体大小。不随着轴大小的变化而缩放字体大小。若要指定字体大小,可设置 FontSize 属性
	FontAngle	字符倾斜,指定为'normal'或'italic'。 并非所有字体都有两种字体样式,因此,斜体可能看上去和常规字体一样
	LabelFontSizeMultiplier	标签字体大小的缩放因子,指定为大于 0 的数值。此缩放因子应用于 FontSize 属性的值,以确定 x 轴、y 轴和 z 轴标签的字体大小。 示例:ax.LabelFontSizeMultiplier=1.5
	TitleFontSizeMultiplier	标题字体大小的缩放因子,指定为大于 0 的数值。此缩放因子应用于 FontSize 属性的值,以确定标题的字体大小。 示例:ax.TitleFontSizeMultiplier=1.75
	TitleFontWeight	标题字体的粗细,指定为下列值之一。 ① 'bold':字符比普通状态下粗。 ② 'normal':特定字体默认的粗细程度。 示例:ax.TitleFontWeight='normal'
	SubtitleFontWeight	副标题字体粗细,指定为以下值之一。 ① 'bold':字符比普通粗。 ② 'normal':特定字体默认的粗细程度
	FontUnits	字体大小单位

续表

对象	属性	说明
刻度	XTick, YTick, ZTick	刻度值，指定为由递增值组成的向量。如果不希望沿坐标轴显示刻度线，可指定空向量 []。刻度值是坐标轴上显示刻度线的位置。刻度标签是每个刻度线旁边的标签。使用 XTickLabels、YTickLabels 和 ZTickLabels 属性指定关联的标签。 示例：ax.XTick=[2 4 6 8 10] 示例：ax.YTick=0:10:100 也可以使用 xticks、yticks 和 zticks 函数指定刻度值
	XTickMode,YTickMode,ZTickMode	刻度值的选择模式，指定为下列值之一。 ①'auto'：根据坐标轴的数据范围自动选择刻度值。 ②'manual'：手动指定刻度值。要指定值，可设置 XTick、YTick 或 ZTick 属性。 示例：ax.XTickMode='auto'
	XTickLabel,YTickLabel,ZTickLabel	刻度标签，指定为字符向量元胞数组、字符串数组或分类数组。如果不希望显示刻度标签，可指定空元胞数组{}。如果没有为所有刻度值指定足够多的标签，将会重复使用标签。刻度标签支持 TeX 和 LaTeX 标记。如果将此属性指定为分类数组，MATLAB 将使用数组中的值，而不是类别。设置此属性的替代方法，还可以使用 xticklabels、yticklabels 和 zticklabels 函数。 示例：ax.XTickLabel={'Jan','Feb','Mar','Apr'}
	XTickLabelMode,YTickLabelMode,ZTickLabelMode	刻度标签的选择模式，指定为下列值之一。 ①'auto'：自动选择刻度标签。 ②'manual'：手动指定刻度标签。要指定标签，可设置 XTickLabel、YTickLabel 或 ZTickLabel 属性。 示例：ax.XTickLabelMode='auto'
	TickLabelInterpreter	刻度标签解释器，指定为下列值之一。 ①'tex'：使用 TeX 标记子集解释标签。 ②'latex'：使用 LaTeX 标记子集解释标签。当指定刻度标签时，可在元胞数组中的每个元素周围使用美元符号。 ③'none'：显示字面字符
	XTickLabelRotation,YTickLabelRotation,ZTickLabelRotation	刻度标签的旋转，指定为以度为单位的数值。正值将导致标签逆时针旋转，负值将导致标签顺时针旋转。 示例：ax.XTickLabelRotation=45 示例：ax.YTickLabelRotation=90 也可以使用 xtickangle、ytickangle 和 ztickangle 函数
	XMinorTick,YMinorTick,ZMinorTick	次刻度线，指定为'on'或'off'，或者指定为数值或逻辑值 1（true）或 0（false）。值'on'等效于 true，'off'等效于 false。因此，可以使用此属性的值作为逻辑值。该值存储为 matlab. lang.OnOffSwitch State 类型的on/off 逻辑值。 ①'on'：在坐标轴的主刻度线之间显示次刻度线。主刻度线的间距决定次刻度线的数目。此值是使用对数刻度的坐标轴的默认值。 ②'off'：不显示次刻度线。此值是使用线性刻度的坐标轴的默认值。 示例：ax.XMinorTick='on'

续表

对象	属性	说明
刻度	TickDir	刻度线方向，指定为下列值之一。 ①'in'：刻度线从轴线指向内部。此值为二维视图的默认值。 ②'out'：刻度线从轴线指向外部。此值为三维视图的默认值。 ③'both'：刻度线以轴线为中心。 示例：ax.TickDir='out'
	TickDirMode	TickDir 属性的选择模式，指定为下列值之一。 ①'auto'：根据当前视图自动选择刻度方向。 ②'manual'：手动指定刻度方向。要指定刻度方向，可设置 TickDir 属性。 示例：ax.TickDirMode='auto'
	TickLength	刻度线长度，指定为二元素向量[2Dlength 3Dlength]。第一个元素是二维视图中的刻度线长度，第二个元素是三维视图中的刻度线长度。指定值是以可见的 x 轴、y 轴或 z 轴中最长线条为基准进行归一化的值。 示例：ax.TickLength=[0.02 0.035]
标尺	XLim,YLim,Zlim	最小和最大范围，指定为二元素向量[min max]，其中 max 大于 min。可以将范围指定为数字、分类、日期时间或持续时间值。但指定的值类型必须与坐标轴上的值类型匹配。 可以指定这两个范围，也可以指定一个范围而让坐标区自动计算另一个范围。对于自动计算的最小值或最小值范围，分别使用-inf 或 inf 来表示。 示例：ax.XLim=[0 10] 示例：ax.YLim=[-inf 10] 示例：ax.ZLim=[0 inf] 也可以使用 xlim、ylim 和 zlim 函数设置这些范围
	XLimMode,YLimMode, ZLimMode	坐标轴范围的选择模式，指定为下列值之一。 ①'auto'：根据绘制的数据（即坐标区中显示的所有对象的 XData、YData 或 ZData 的总体范围）自动选择坐标轴范围。 ②'manual'：手动指定坐标轴范围。要指定坐标轴范围，可设置 XLim、YLim 或 ZLim 属性。 示例：ax.XLimMode='auto'
	XAxis,YAxis,ZAxis	轴标尺，以标尺对象的形式返回。标尺控制 x 轴、y 轴或 z 轴的外观和行为。通过访问相关的标尺并设置标尺属性，可以修改坐标轴的外观和行为。例如，通过 XAxis 属性访问 x 轴的标尺，然后更改标尺的 Color 属性，使 x 轴的颜色为红色。同理，可以将 y 轴的颜色更改为绿色。ax=gca;ax.XAxis. Color='r';ax. YAxis.Color='g';如果 Axes 对象有两个 y 轴，则 YAxis 属性存储两个标尺对象
	XAxisLocation	x 轴位置，指定为下列值之一。此属性仅应用于二维视图。 ①'bottom'：坐标区的底部。示例：ax.XAxisLocation= 'bottom' ②'top'：坐标区的顶部。示例：ax.XAxisLocation= 'top' ③'origin'：穿过原点(0,0)。示例：ax.XAxisLocation= 'origin'
	YAxisLocation	y 轴位置，指定为下列值之一。此属性仅应用于二维视图。 ①'left'：坐标区的左侧。示例：ax.YAxisLocation= 'left' ②'right'：坐标区的右侧。示例：ax.YAxisLocation= 'right' ③'origin'：穿过原点(0,0)。示例：ax.YAxisLocation= 'origin'

续表

对象	属性	说明
标尺	XColor,YColor,Zcolor	x、y 或 z 方向的轴线、刻度值和标签的颜色，指定为 RGB 三元组、十六进制颜色代码、颜色名称或短名称。此颜色还会影响网格线，除非使用 GridColor 或 MinorGridColor 属性指定网格线颜色。 示例：ax.XColor=[1 1 0] 示例：ax.YColor='yellow' 示例：ax.ZColor='#FFFF00'
	XColorMode	用于设置 x 轴网格颜色的属性，指定为'auto'或'manual'。模式值仅影响 x 轴网格颜色。无论在什么模式下，x 轴线、刻度值和标签始终使用 XColor 值。 x 轴网格颜色取决于 XColorMode 属性和 GridColor Mode 属性
	YColorMode	用于设置 y 轴网格颜色的属性，指定为'auto'或'manual'。模式值仅影响 y 轴网格颜色。无论在什么模式下，y 轴线、刻度值和标签始终使用 YColor 值。 y 轴网格颜色取决于 YColorMode 属性和 GridColorMode 属性
	ZColorMode	用于设置 z 轴网格颜色的属性，指定为'auto'或'manual'。模式值仅影响 z 轴网格颜色。无论在什么模式下，z 轴线、刻度值和标签始终使用 ZColor 值。 z 轴网格颜色取决于 ZColorMode 属性和 GridColor Mode 属性
	XDir	x 轴方向，指定为下列值之一。 ①'normal'：值从左向右逐渐增加。示例：ax.XDir= 'normal' ②'reverse'：值从右向左逐渐增加。示例：ax.XDir= 'reverse'
	YDir	y 轴方向，指定为下列值之一。 ①'normal'：值从下向上（二维视图）或从前向后（三维视图）逐渐增加。示例：ax.YDir='normal' ②'reverse'：值从上向下（二维视图）或从后向前（三维视图）逐渐增加。示例：ax.YDir='reverse'
	ZDir	z 轴方向，指定为下列值之一。 ①'normal'：值按从内向外（二维视图）或从下向上（三维视图）逐渐增加。示例：ax.ZDir='normal' ②'reverse'：值按从外向内（二维视图）或从上向下（三维视图）逐渐增加。示例：ax.ZDir='reverse'
	XScale,YScale,Zscale	坐标轴刻度，指定为下列值之一。 ①'linear'：线性刻度。示例：ax.XScale='linear' ②'log'：对数刻度。示例：ax.XScale='log'
网格	XGrid, YGrid, Zgrid	网格线，指定为'on'或'off'，或者指定为数值或逻辑值 1（true）或 0（false）。'on'等效于 true，'off'等效于 false。因此，可以使用此属性的值作为逻辑值。该值存储为 matlab. lang.OnOffSwitchState 类型的 on/off 逻辑值。 ①'on'：坐标区正交的网格线。例如，沿着垂直于 x、y 或 z 轴的线条。 ②'off'：不显示网格线。 还可以使用 gridon 或 gridoff 命令将 3 个属性分别设置为'on'或'off'

对象	属性	说明
网格	Layer	网格线和刻度线相对于图形对象的位置，指定为下列值之一。 ①'bottom'：在图形对象下方显示刻度线和网格线。 ②'top'：在图形对象上方显示刻度线和网格线。此属性仅影响二维视图。 示例：ax.Layer='top'
	GridLineStyle	网格线的线型，指定为下表中的线型之一。 ①'-'：实线。 ②'--'：虚线。 ③':'：点线。 ④'-.'：点划线。 ⑤'none'：无线条。 要显示网格线，可使用 grid on 命令或将 XGrid、YGrid 或 ZGrid 属性设置为'on'。 示例：ax.GridLineStyle='--'
	GridColor	网格线的颜色，指定为 RGB 三元组、十六进制颜色代码、颜色名称或短名称。 要为坐标区框轮廓设置颜色，可使用 XColor、YColor 和 ZColor属性。 要显示网格线，可使用 grid on 命令或将 XGrid、YGrid 或 ZGrid 属性设置为'on'。 示例：ax.GridColor=[0 0 1] 示例：ax.GridColor='blue' 示例：ax.GridColor='#0000FF'
	GridColorMode	用于设置网格颜色的属性，指定为下列值之一。 ①'auto'：检查 XColorMode、YColorMode 和 ZColorMode 属性的值，以确定 x、y 和 z 方向的网格线颜色。 ②'manual'：使用 GridColor 设置所有方向的网格线颜色
	GridAlpha	网格线透明度，指定为范围[0,1]中的值。值为 1 表示不透明，值为 0 表示完全透明。 示例：ax.GridAlpha=0.5
	GridAlphaMode	GridAlpha 属性的选择模式，指定为下列值之一。 ①'auto'：使用默认透明度值 0.15。 ②'manual'：手动指定透明度值。要指定值，可设置 GridAlpha 属性。 示例：ax.GridAlphaMode='auto'
	XMinorGrid,YMinorGrid,ZMinorGrid	次网格线，指定为'on'或'off'，或者指定为数值或逻辑值 1（true）或 0（false）。'on'等效于 true，'off'等效于 false。因此，可以使用此属性的值作为逻辑值。该值存储为 matlab.lang.OnOffSwitch State 类型的 on/off 逻辑值。 ①'on'：显示与轴的次刻度线对齐的网格线。不必启用次刻度即可显示次网格线。 ②'off'：不显示网格线。 或者使用 grid minor 命令切换次网格线的可见性。 示例：ax.XMinorGrid='on'
	MinorGridLineStyle	次网格线的线型，与 GridLineStyle 一样

续表

对象	属性	说明
网格	MinorGridColor	次网格线的颜色，与 GridColor 一样
	MinorGridColorMode	用于设置次网格颜色的属性，与 GridColorMode 一样
	MinorGridAlpha	次网格线透明度，指定为范围[0,1]中的值。值为 1 表示不透明，值为 0 表示完全透明。 示例：ax.MinorGridAlpha=0.5
	MinorGridAlphaMode	MinorGridAlpha 属性的选择模式，指定为下列值之一。 ①'auto'：使用默认透明度值 0.25。 ②'manual'：手动指定透明度值。要指定值，可设置 MinorGridAlpha 属性。 示例：ax.MinorGridAlphaMode='auto'
多个绘图	ColorOrder	色序，指定为由 RGB 三元组组成的三列矩阵。此属性定义 MATLAB 创建的绘图对象（如 Line、Scatter 和 Bar 对象）时使用的颜色的调色板。数组的每一行都是一个 RGB 三元组。RGB 三元组是包含三个元素的向量，其元素分别指定颜色的红、绿、蓝分量的强度。强度必须在[0,1]范围内
	LineStyleOrder	线型序列，指定为字符向量、字符向量元胞数组或字符串数组。此属性列出了 MATLAB 在坐标区中显示多个绘图线条使用的线型。MATLAB 根据创建线条的顺序对它们分配线型。只有在对当前线型用尽 ColorOrder 属性中的所有颜色后，它才会开始使用下一个线型。默认的 LineStyleOrder 只有一个线型'-'。 要自定义线型序列，可创建一个字符向量元胞数组或字符串数组。将数组的每个元素指定为下列各表中的一个线条设定符或标记设定符。可以在一个元素中组合使用线型和标记设定符，如'-*'
	NextPlot	在向坐标区中添加新绘图时要重置的属性，指定为下列值之一。 ①'add'：在现有坐标区上添加新绘图。在显示新绘图之前，不删除现有绘图或重置坐标区属性。 ②'replacechildren'：在显示新绘图之前删除现有绘图。可将 ColorOrderIndex 和 LineStyleOrderIndex 属性重置为 1，但不要重置其他坐标区属性。添加到坐标区的下一个绘图基于 ColorOrder 和 LineStyle 序列属性使用第一个颜色和线型。此值类似于在每个新绘图之前使用 cla。 ③'replace'：在显示新绘图之前，删除现有绘图并将除 Position 和 Units 之外的所有坐标区属性重置为默认值。 ④'replaceall'：在显示新绘图之前，删除现有绘图并将除 Position 和 Units 之外的所有坐标区属性重置为默认值。此值类似于在每个新绘图之前使用 cla reset。 注意：对于只有一个 y 轴的 UIAxes 对象，'replace'和'replaceall'属性值是等同的。对于具有两个 y 轴的 Axes 对象，'replace'值只影响活动侧，而'replaceall'值会同时影响两侧
	SortMethod	渲染对象的顺序，指定为下列值之一。 ①'depth'：基于当前视图按从后到前的顺序绘制对象。使用此值可确保前方对象得到正确绘制渲染（相对于后方对象）。 ②'childorder'：按图形函数创建对象的顺序绘制这些对象，而不考虑对象在 3 个维度中的关系。此值可产生更快的渲染速度，特别是在图窗非常大时，但同时可能导致显示对象的深度排序不恰当

对象	属性	说明
多个绘图	ColorOrderIndex	色序索引，指定为正整数。此属性指定当 MATLAB 创建下一个绘图对象（如 Line、Scatter 或 Bar 对象）时从坐标区 ColorOrder 属性中选择的下一个颜色。例如，如果色序索引值为 1，则添加到坐标区的下一个对象使用 ColorOrder 矩阵中的第一个颜色；如果索引值超过 ColorOrder 矩阵中的颜色数，则通过索引值对 ColorOrder 矩阵中的颜色数求模来决定下一个对象的颜色
	LineStyleOrderIndex	线型序列索引，指定为正整数。此属性指定 MATLAB 在创建下一个绘图线条时从坐标区 LineStyleOrder 属性中选择的下一个线型。例如，如果此属性设置为 1，则添加到坐标区的下一个绘图线条将使用 LineStyleOrder 属性中的第一项。如果索引值超过 LineStyleOrder 数组中的线型数，则使用索引值对 LineStyleOrder 数组中元素数量求模来决定下一个线条的线型
颜色和透明度	Colormap	颜色图，指定为由 RGB（红色、绿色、蓝色）三元组组成的 m×3 数组，这些三元组定义 m 种单独的颜色。 示例：ax.Colormap= [1 0 1; 0 0 1; 1 1 0] 将颜色图设置为三种颜色：品红色、蓝色和黄色
	ColorScale	颜色图的刻度，指定为下列值之一。 ①'linear'：线性刻度。颜色栏上的刻度值也使用线性刻度。 ②'log'：对数刻度。颜色栏上的刻度值也使用对数刻度。 示例：ax.ColorScale='log'
	CLim	坐标区中使用颜色图的对象的颜色范围，指定为[cmin cmax]形式的二元素向量。此属性用来确定数据值如何映射到颜色图中的颜色，其中： ①cmin：指定映射到颜色图中的第一个颜色的数据值。 ②cmax：指定映射到颜色图中的最后一个颜色的数据值。 Axes 对象根据颜色图中 cmin 和 cmax 所规定的范围进行数据值插值。此范围外的值使用第一个或最后一个颜色（取最接近的值）
	CLimMode	CLim 属性的选择模式，指定为下列值之一。 ①'auto'：根据坐标区包含的图形对象的颜色数据自动选择范围。 ②'manual'：手动指定值。要指定值，可设置 CLim 属性。当坐标区子级的范围改变时，这些值不会改变
	Alphamap	透明度图，指定为从 0 到 1 线性递增的有限 alpha 值组成的数组。数组大小可以是 m×1 或 1×m。MATLAB 按 alpha 值在数组中的索引访问它们。Alphamap 可以为任意长度
	AlphaScale	透明度图的刻度，指定为下列值之一。 ①'linear'：线性刻度。 ②'log'：对数刻度。 示例：ax.AlphaScale='log'
	ALim	alpha 范围，指定为[amin amax]形式的二元素向量。此属性影响图形对象（如曲面、图像和补片对象）的 AlphaData 值。此属性决定 AlphaData 值如何映射到图窗 alpha 映射，其中： ①amin 指定映射到图窗 alpha 映射的第一个 alpha 值的数据值。 ②amax 指定映射到图窗 alpha 映射的最后一个 alpha 值的数据值。 UIAxes 对象根据图窗的 alpha 映射中 amin 和 amax 所规定的范围进行数据值插值。此范围外的值使用第一个或最后一个 alpha 映射值（取最接近的值）
	ALimMode	ALim 属性的选择模式，指定为下列值之一。 ①'auto'：根据坐标区包含的图形对象的 AlphaData 值自动选择范围。 ②'manual'：手动指定 alpha 范围。要指定 alpha 范围，可设置 ALim 属性

对象	属性	说明
框样式	Color	绘图区域的颜色，指定为 RGB 三元组、十六进制颜色代码、颜色名称或短名称。该颜色会影响由 InnerPosition 属性值所定义的区域。 对于自定义颜色，可指定 RGB 三元组或十六进制颜色代码。 ①RGB 三元组是包含 3 个元素的行向量，其元素分别指定颜色中红、绿、蓝分量的强度。强度值必须位于[0,1]范围内，如[0.4 0.6 0.7]。 ②十六进制颜色代码是字符向量或字符串标量，以井号(#)开头，后跟 3 个或 6 个十六进制数字，范围可以是 0 到 F。这些值不区分大小写，因此，颜色代码'#FF8800'与'#ff8800'、'#F80'与'#f80'是等效的。 示例：ax.Color=[0 0 1] 示例：ax.Color='blue' 示例：ax.Color='#0000FF'
	BackgroundColor	绘图区域周围空白处的颜色。属性同 Color。 示例：ax.BackgroundColor=[0 0 1] 示例：ax.BackgroundColor='blue' 示例：ax.BackgroundColor='#0000FF'
	LineWidth	坐标区轮廓、刻度线和网格线的线宽，指定为正数值（以磅为单位）。一磅等于 1/72 英寸。 示例：ax.LineWidth=1.5
	Box	框轮廓，指定为'on'或'off'，或者指定为数值或逻辑值 1（true）或 0（false）。值'on'等效于 true，'off'等效于 false。 ①'on'：显示坐标区周围的框轮廓。对于三维视图，可以使用 BoxStyle 属性更改轮廓的范围。 示例：ax.Box='on' ②'off'：不显示坐标区周围的框轮廓。 示例：ax.Box='off'
	BoxStyle	框轮廓样式，指定为'back'或'full'。此属性仅影响三维视图。 ①'back'：画出三维框的背板轮廓。 示例：ax.BoxStyle='back' ②'full'：画出整个三维框的轮廓。 示例：ax.BoxStyle='full'
	Clipping	按照坐标区范围裁剪对象，指定为'on'或'off'，或者指定为数值或逻辑值 1（true）或 0（false）。值'on'等效于 true，'off'等效于 false。 Axes 对象内某个对象的裁剪行为由 Axes 对象的 Clipping 属性和该具体对象的 Clipping 属性共同决定。Axes 对象的属性值具有以下作用。 ①'on'：使坐标区内的每个对象基于其 Clipping 属性值控制自身的裁剪行为。 ②'off'：禁用坐标区内所有对象的裁剪，而不管各个对象的 Clipping 属性值如何设置。对象的某些部分可能会显示在坐标区范围之外。例如，如果创建一个绘图，使用 holdon 命令冻结轴缩放，然后添加一个大于原始绘图的绘图，则绘图的某些部分可能会显示在范围之外
	ClippingStyle	裁剪边界，指定为下表中的值之一。如果绘图包含标记，则只要数据点位于坐标区范围内，MATLAB 就会绘制整个标记。 如果 Clipping 属性设置为'off'，则 ClippingStyle 属性无效。

对象	属性	说明
框样式	ClippingStyle	①'3dbox'：按照坐标轴范围定义的坐标区框的 6 条边对绘制对象进行裁剪。粗线可能会显示在坐标区范围之外。 ②'rectangle'：在任何给定视图中按照包围坐标区的矩形边界对绘制对象进行裁剪。在坐标区范围处裁剪粗线
	AmbientLightColor	背景光颜色，指定为 RGB 三元组、十六进制颜色代码、颜色名称或短名称。背景光是一种无向光，均匀地照射在坐标区内的所有对象上。要添加光源，可使用 light 函数。 示例：ax.AmbientLightColor=[1 0 1] 示例：ax.AmbientLightColor = 'magenta' 示例：ax.AmbientLightColor = '#FF00FF'
位置	Position	坐标区的尺寸和位置，包括标签和边距，指定为[left bottom width height]形式的四元素向量。此向量定义坐标区外边界围成的矩形范围。left 和 bottom 元素定义矩形的位置，测量方式是从其左下角到父容器的左下角。width 和 height 定义矩形的大小，这两个值按照 Units 属性指定的单位进行测量。默认情况下，单位为像素
	DataAspectRatio	数据单位沿每个坐标轴的相对长度，指定为[dx dy dz]形式的三元素向量。此向量定义相对的 x、y 和 z 数据缩放因子。例如，若将该属性指定为[1 2 1]，会将 x 方向中的一个数据单位长度设置为等同于 y 方向中的两个数据单位长度和 z 方向中的一个数据单位长度。 也可以使用 daspect 函数更改数据纵横比。 示例：ax.DataAspectRatio=[1 1 1]
	DataAspectRatioMode	数据纵横比模式，指定为下列值之一。 ①'auto'：自动选择能够充分利用可用空间的值。如果 PlotBoxAspectRatio Mode 和 CameraViewAngleMode 也设置为'auto'，将启用"伸展填充"行为。伸展坐标区，使其填满 Position 属性定义的可用空间。 ②'manual'：禁用"伸展填充"行为并使用手动指定的数据纵横比。要指定值，可设置 DataAspectRatio 属性
	PlotBoxAspectRatio	每个坐标轴的相对长度，指定为[px py pz]形式的三元素向量，三个元素分别定义 x 轴、y 轴和 z 轴的相对缩放因子。图框是包含坐标轴范围定义的轴数据区域的框。 也可以使用 pbaspect 函数更改数据纵横比。 如果指定了坐标轴范围、数据纵横比和图框纵横比，MATLAB 将忽略图框纵横比而遵守坐标轴范围和数据纵横比。 示例：ax.PlotBoxAspectRatio=[1 0.75 0.75]
	PlotBoxAspectRatioMode	PlotBoxAspectRatio 属性的选择模式，指定为下列值之一。 ①'auto'：自动选择能够充分利用可用空间的值。如果 DataAspect RatioMode 和 CameraViewAngleMode 也设置为'auto'，将启用"伸展填充"行为。伸展 Axes 对象，使其填满 Position 属性定义的可用空间。 ②'manual'：禁用"伸展填充"行为并使用手动指定的图框纵横比。要指定值，可设置 PlotBoxAspectRatio 属性

续表

对象	属性	说明
视角	View	视图的方位角和仰角，指定为以度为单位定义的[azimuth eleva tion]形式的二元素向量。也可以使用 view 函数设置视图。 示例：ax.View=[45 45]
	Projection	二维屏幕上的投影类型，指定为下列值之一。 ①'orthographic'：保持图形对象的正确相对维度（就给定点到观察者之间的距离而言），并在屏幕上根据平行数据绘制平行线条。 ②'perspective'：使用前缩透视法，这可以让在三维对象的二维表示形式中表现景深。透视投影不会保留对象的相对维度，它改为显示较远的线段短于较近的等长线段。数据平行的线条在屏幕上可能显示为不平行
	CameraPosition	照相机位置或视点，指定为[x y z]形式的三元素向量。此向量定义照相机位置（即观察坐标区的点）的坐标区坐标。照相机沿视图轴指定方向，该轴是一条连接照相机位置和照相机目标的直线。有关说明可参阅照相机图形术语。 如果 Projection 属性设置为'perspective'，则当更改 CameraPosition 设置时，透视量也会更改。 也可以使用 campos 函数设置照相机位置。 示例：ax.CameraPosition=[0.5 0.5 9]
	CameraPositionMode	CameraPosition 属性的选择模式，指定为下列值之一。 ①'auto'：沿观察轴自动设置 CameraPosition。计算位置，使照相机沿当前视图（view 函数返回的视图）指定的方位角和仰角与目标保持固定的距离。诸如 rotate3d、zoom 和 pan 之类的函数会将此模式更改为'auto'以执行其操作。 ②'manual'：手动指定值。要指定值，可设置 CameraPosition 属性
	CameraTarget	照相机目标点，指定为[x y z]形式的三元素向量。此向量定义点的轴坐标。照相机沿视图轴指定方向，该轴是一条连接照相机位置和照相机目标的直线。有关说明可参阅照相机图形术语。 也可以使用 camtarget 函数设置照相机目标。 示例：ax.CameraTarget=[0.5 0.5 0.5]
	CameraTargetMode	CameraTarget 属性的选择模式，指定为下列值之一。 ①'auto'：将照相机目标置于轴图框矩心。 ②'manual'：使用手动指定的照相机目标值。要指定值，可设置 CameraTarget 属性
	CameraUpVector	定义向上方向的向量，指定为[x y z]形式的三元素方向向量。对于二维视图，默认值为[0 1 0]。对于三维视图，默认值为[0 0 1]。 也可以使用 camup 函数设置向上的方向。 示例：ax.CameraUpVector=[sin(45) cos(45) 1]
	CameraUpVectorMode	CameraUpVector 属性的选择模式，指定为下列值之一。 ①'auto'：对于三维视图，自动将值设置为[0 0 1]，使 z 轴正方向朝上。对于二维视图，将值设置为[0 1 0]，使 y 轴正方向朝上。 ②'manual'：手动指定定义向上方向的向量。要指定值，可设置 CameraUpVector 属性

对象	属性	说明
视角	CameraViewAngle	视野，指定为大于 0 且小于或等于 180 的标量角。更改照相机视角会影响坐标区中显示的图形对象的大小，但不会影响透视变形度。角度越大，视野越大，而场景中显示的对象就越小。 示例：ax.CameraViewAngle=15
	CameraViewAngleMode	CameraViewAngle 属性的选择模式，指定为下列值之一。 ①'auto'：自动选择能够捕获整个场景的最小角度作为视野（最高可达 180 度）。 ②'manual'：手动指定视野。要指定值，可设置 CameraViewAngle 属性
交互性	Visible	可见性状态，指定为'on'或'off'，或者指定为数值或逻辑值 1（true）或 0（false）。值'on'等效于 true，'off'等效于 false。因此，可以使用此属性的值作为逻辑值。该值存储为 matlab.lang.OnOffSwitchState 类型的 on/off 逻辑值。 ①'on'：显示对象。 ②'off'：隐藏对象而不删除它，且仍然可以访问不可见对象的属性
	ContextMenu	上下文菜单，指定为 ContextMenu 对象。使用该属性在右键单击坐标区时，显示上下文菜单。使用 uicontextmenu 函数创建上下文菜单
	Toolbar	数据探查工具栏，它是一个 AxesToolbar 对象。将鼠标指针悬停在坐标区上时，工具栏会显示在坐标区的右上角。 工具栏按钮取决于坐标区的内容，但通常为缩放、平移、旋转、刷亮、导出和还原原始视图。可以使用 axtoolbar 和 axtoolbarbtn 函数自定义工具栏按钮。 如果不希望在将鼠标指针悬停在坐标区上时显示工具栏，请将 AxesToolbar 对象的 Visible 属性设置为'off'。 示例： ax = uiaxes; ax.Toolbar.Visible = 'off';
回调	ButtonDownFcn	（1）鼠标单击回调，指定为下列值之一。 ①函数句柄。 ②元胞数组，包含一个函数句柄和其他参数。 ③作为有效 MATLAB 命令或函数（在基础工作区中计算）的字符向量（不推荐）。 （2）使用此属性在单击对象时执行代码。如果使用函数句柄指定此属性，则 MATLAB 在执行回调时将向回调函数传递以下两个参数。 ①单击的对象：从回调函数中访问单击的对象的属性。 ②事件数据：空参数。在函数定义中将其替换为波浪号字符（~）以指示不使用此参数。 注意：如果 PickableParts 属性设置为'none'或者 HitTest 属性设置为'off'，则不执行此回调
回调执行控制	Interruptible	回调中断
	BusyAction	回调排队

续表

对象	属性	说明
回调执行控制	PickableParts	能够捕获鼠标单击的能力，指定为以下值之一。 ①'visible'：仅当对象可见时才捕获鼠标单击。Visible 属性必须设置为'on'。HitTest 属性决定是 UIAxes 对象响应单击还是前代响应单击。 ②'all'：无论是否可见都捕获鼠标单击。Visible 属性可以设置为'on'或'off'。HitTest 属性决定是 UIAxes 对象响应单击还是前代响应单击。 ③'none'：无法捕获鼠标单击。单击 UIAxes 对象会将单击操作传递给图窗窗口当前视图中该对象下面的对象，通常是坐标区或图窗。HitTest 属性没有任何作用
	HitTest	对捕获的鼠标单击的响应。指定为'on'或'off'，或者指定为数值或逻辑值 1（true）或 0（false）。值'on'等效于 true，'off'等效于 false。因此，可以使用此属性的值作为逻辑值。 （1）'on'：触发 UIAxes 对象的 ButtonDownFcn 回调。如果已定义 ContextMenu 属性，则调用上下文菜单。 （2）'off'：触发 UIAxes 对象最近的父级的回调，具体如下。 ①HitTest 属性设置为'on'。 ②PickableParts 属性设置为使父级能够捕获鼠标单击的值。 注意：PickableParts 属性确定 UIAxes 对象能否捕获鼠标单击。如果不能，则 HitTest 属性不起作用
父/子	Parent	该属性未在组件浏览器中体现。父容器，指定为使用 uifigure 函数创建的 Figure 对象或其子容器之一，如 Tab、Panel、ButtonGroup 或 GridLayout。如果未指定容器，MATLAB 将调用 uifigure 函数以创建一个新 Figure 对象来充当父容器
	Children	该属性未在组件浏览器中体现。子级，以图形对象数组形式返回。使用该属性可查看子级列表，或重新排列子级顺序（通过将该属性设置为自身的置换来完成）。 不能使用 Children 属性添加或删除子级。要向此列表中添加子级，可将子图形对象的 Parent 属性设置为 UIAxes 对象
	HandleVisibility	父级的 Children 属性中对象句柄的可见性，指定为下列值之一。 ①'on'：对象句柄始终可见。 ②'off'：对象句柄始终不可见。该选项用于防止另一函数无意中对其进行更改。将 HandleVisibility 设置为'off'，可在执行该函数时暂时隐藏句柄。 ③'callback'：对象句柄在回调或回调所调用的函数中可见，但在从命令行调用的函数中不可见。此选项阻止通过命令行访问对象，但允许回调函数访问对象。 如果父级的 Children 属性中未列出该对象，则通过搜索对象层次结构或查询句柄属性获取对象句柄的函数无法返回该对象。此类函数包括 get、findobj、gca、gcf、gco、newplot、cla、clf 和 close 函数。MATLAB 将 ShowHiddenHandles 属性设置为'on'，以列出所有对象句柄，与 HandleVisibility 属性设置无关
标识符	Tag	对象标识符

3.8.2　补充知识：控制响应鼠标单击的属性

有两个属性可以确定对象是否及如何响应鼠标单击。

（1）PickableParts：确定对象是否捕获鼠标单击。

（2）HitTest：确定对象是否响应鼠标单击或将其传递给最近的父级。

对象在层次结构中传递单击，直到有对象响应它。

| 注 | ①图窗没有 PickableParts 属性。图窗执行按钮回调函数，无论其 HitTest 属性设置如何。 |
| 意 | ②如果坐标区的 PickableParts 属性设置为'none'，那么坐标区的子对象无法捕获鼠标单击。 |

这种情况下，所有鼠标单击都会由图窗捕获。

组合使用 PickableParts 和 HitTest 属性可实现以下行为。

（1）被单击的对象捕获鼠标单击，并以执行按钮按下回调或调用上下文菜单响应。

（2）被单击的对象捕获鼠标单击，并将鼠标单击传递给它的一个父级，该父级以执行按钮按下回调或调用上下文菜单响应。

（3）被单击的对象未捕获鼠标单击，鼠标单击可能由被单击对象背后的对象捕获。

表 3-10 总结了基于属性值的鼠标单击响应。

表 3-10　　　　　　　　　　　　基于属性值的鼠标单击响应

坐标区 PickableParts	PickableParts	HitTest	鼠标单击结果
visible/all	Visible（默认值）	On（默认值）	单击对象可见部分会执行按钮按下回调或调用上下文菜单
visible/all	all	On	单击对象任何部分（即使不可见），都会使该对象成为当前对象并执行按钮按下回调或调用上下文菜单
visible/all/none	none	on/off	单击对象不会使其成为当前对象，而且不会执行按钮按下回调或调用上下文菜单
none	visible/all/none	on/off	单击任何坐标区的子对象都不会执行按钮按下回调或调用上下文菜单

MATLAB 使用每个对象的 Parent 属性查找父级，直到找到合适的父级或达到图窗。

3.8.3　示例：计算并绘制理想气体密度变化曲线

创建 1 个 UIAxes 组件和 1 个按钮组件，用于显示甲烷气体在 25kPa，$-100 \sim 100$℃下的理想气体密度变化曲线。

具体步骤如下。

（1）设置布局和属性。在画布上布置 1 个 UIAxes 组件和 1 个按钮组件。

① 将 UIAxes 的 Title.String 文字部分改为：CH_4 在 25kPa，$[-100,100]$℃下的密度趋势。字体设置：中文字体为宋体，英文字体为 Times New Roman，字体颜色为黑色，显示下标。在 Title. String 中输入以下内容实现该功能。

```
\color[rgb]{0,0,0}\fontname{Times New Roman,宋体} CH_{4}在 25kPa, [-100,100]℃的
密度趋势
```

将 XLabel.String 的文字部分改为：温度，K。字体设置：中文字体为宋体，英文字体为 Times New Roman，字体颜色为黑色。在 XLabel.String 中输入以下内容实现该功能。

```
\fontname{Times New Roman,宋体}\color[rgb]{0,0,0} 温度, K
```

将 YLabel.String 的文字部分改为：密度，kg/m^3。字体设置：中文字体为宋体，英文字体为 Times New Roman，字体颜色为黑色，显示上标。在 YLabel.String 中输入以下内容实现该功能。

```
\color[rgb]{0,0,0}\fontname{Times New Roman,宋体} 密度, kg/m^{3}
```

② 将坐标的数字字体改为 Times New Roman，在"组件浏览器"的"字体"选项中将 Font Name 改为 Times New Roman。

设置结果如图 3-38 所示。

图 3-38　布局及属性设置

（2）添加回调函数，进入回调代码编辑界面。进入代码视图，编写回调代码，实现相关功能，如图 3-39 所示。

（3）运行程序，如图 3-40 所示。

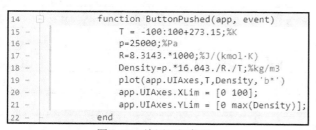

图 3-39　编写回调代码

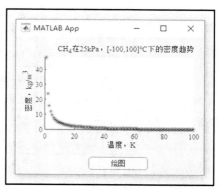

图 3-40　运行程序

3.9 复选框（CheckBox）

复选框是一种 UI 组件，用于指示预设项或选项的状态。可通过属性控制复选框的外观和行为。可以使用圆点表示法引用特定的对象和属性。

```
fig = uifigure;
cb = uicheckbox(fig);
cb.Text = 'Show value';
```

3.9.1 CheckBox 对象的属性

CheckBox 对象的主要属性见表 3-11。

表 3-11　　　　　　　　　　　CheckBox 对象的主要属性表

对象	属性	说明
复选框	Value	复选框的状态，指定为 0（false）或 1（true）。当 Value 属性设置为 1 时，复选框处于选中状态；当 Value 属性设置为 0 时，复选框处于清除状态
	Text	复选框标签，指定为下列各项之一。 ①字符向量或字符串标量，显示单行文本。 示例：uicheckbox('Text','Filter'); ②字符向量元胞数组、字符串数组或一维分类数组，显示多行文本。数组的每一行是一行文本。 示例：uicheckbox('Text',{'Filter','Results'},... 'Position',[100 100 84 30]); 如果将 Text 属性设置为元胞数组或字符串数组，可更改 Position 属性以容纳更多行文本
	WordWrap	文字换行以适合组件宽度
字体和颜色	FontName	字体名称
	FontSize	字体大小
	FontWeight	字体粗细
	FontAngle	字体角度
	FontColor	字体颜色
交互性	Visible	可见性状态
	Enable	工作状态
	Tooltip	工具提示
	ContextMenu	上下文菜单
位置	Position	复选框相对于父级的位置和大小
回调	ValueChangedFcn	更改值后执行的回调
	CreateFcn	创建函数
	DeleteFcn	删除函数

续表

对象	属性	说明
回调执行控制	Interruptible	回调中断
	BusyAction	回调排队
父/子	HandleVisibility	对象句柄的可见性
标识符	Tag	对象标识符

3.9.2　示例：提示复选框选择了哪个选项

创建 2 个复选框（CheckBox）和 2 个文本区域（TextArea）。文本区域只保留文本框，分别在文本框里输入"小张"和"小李"。当选择第一个复选框时，消息对话框弹出提示："你选择了小张"；选择第二个复选框时，消息对话框弹出提示："你选择了小李"。

具体步骤如下。

（1）设置布局和属性。向画布中放入 2 个 CheckBox 组件、2 个 TextArea 组件。选中标签"Text Area"，单击删除键删除标签，只保留文本框。分别在 2 个文本框里输入"小张"和"小李"，或者在"组件浏览器"下"检查器"的"文本"选项卡中，将 Value 值设为"小张""小李"。可以根据组件的布局和想要呈现的设计界面大小调整 CheckBox、文本框的大小和画布大小，如图 3-41 所示。

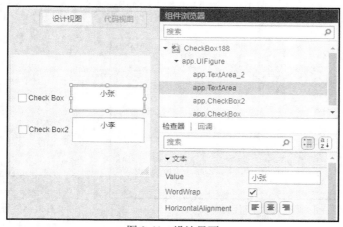

图 3-41　设计界面

> **提示**　在 TextArea 组件中，垂直对齐方式（VerticalAlignment）属性控制的是标签文本的垂直对齐方式，只有在单击"Text Area"标签时才会出现此属性，TextArea 输入框无此属性。不过，输入的"小张""小李"只能向文本框上部对齐，而不能上下居中。

（2）添加回调函数，进入回调代码编辑界面。右键单击"计算"按钮，在弹出菜单中选择"回调"→"转至 CheckBoxValueChanged 回调"，如图 3-42 所示。为 Check Box2 添加回调的操作与此相同。

（3）进入代码视图，编写回调代码，实现相关功能。

进入代码视图后，光标将定位在回调函数的可编辑部分。编写回调代码，如图 3-43 所示。当 CheckBox 为选中状态时，Value 的值为 1，未选中时 Value 的，值为 0，可以根据该值来判断是否选中。当值为 1 时，表示选中，消息对话框则提示选中了对应的文本框里面的值。

（4）运行程序。可以通过按 F5 键、单击"编辑器"栏或者顶部"自定义快速访问工具栏"中的"运行"图标来运行程序。程序运行如图 3-44 所示。

图 3-42 在设计视图下添加回调函数

```
15         % Value changed function: CheckBox
16         function CheckBoxValueChanged(app, event)
17             value = app.CheckBox.Value;
18             if value==1
19                 msgbox("你选中了"+app.TextArea.Value)
20             end
21         end
22
23         % Value changed function: CheckBox2
24         function CheckBox2ValueChanged(app, event)
25             value = app.CheckBox2.Value;
26             if value==1
27                 msgbox("你选中了"+app.TextArea_2.Value)
28             end
29         end
```

图 3-43 编写回调代码

图 3-44 程序运行

提示 应注意系统默认的第二个文本区域的写法，为 TextArea_2 而非 TextArea2。当然，可以自行修改为 TextArea2，这样代码视图中关于 TextArea_2 的所有名字会全部自动修改为 TextArea2。

3.10 微调器（Spinner）

微调器是一种 UI 组件，用于从一个有限集合中选择数值。可通过属性控制微调器的外观和行为。可以使用圆点表示法引用特定的对象和属性。

```
fig = uifigure;

s = uispinner(fig);

s.Value = 20;
```

下面列出的属性对 AppDesigner 中的坐标区或使用 uifigure 函数创建的图窗中的微调器有效。

3.10.1 Spinner 对象的属性

Spinner 对象的主要属性见表 3-12。

表 3-12   Spinner 对象的主要属性

对象	属性	说明
值	Value	微调器值，指定为双精度数字。 当 App 用户键入或更改微调器中的值时，值为字符向量。当 App 用户按下 Enter 键或者更改焦点时，MATLAB 会将 App 用户输入的值转换为双精度数字。 如果出现以下情况，MATLAB 将拒绝该值。 ①它无法将字符向量转换为数值标量。 ②值是 NaN、空白或复数。 ③值是数学表达式，如 1+2。 ④值小于或大于 Limits 属性指定的值。 如果 MATLAB 拒绝 App 用户输入的值，将会显示一个工具提示，说明对值的要求。微调器则立即还原为以前的值，而且不会运行 ValueChangedFcn。 示例：10
	Limits	微调器的最小值和最大值，指定为二元数值数组。第一个值必须小于第二个值。将数组元素设置为-Inf 或 Inf，分别指定无最小值或无最大值。 如果更改 Limits，使得 Value 属性在新范围之外，MATLAB 会将 Value 属性设置为新范围内的某个值。例如，假设 Limits 属性为[0 100]，Value 属性为 20。如果 Limits 属性更改为[50 100]，MATLAB 会将 Value 属性设置为 50（假定 LowerLimit Inclusive 值为'on'）。 示例：[-Inf 200] 示例：[-100 Inf] 示例：[-100 200]
	Step	当 App 用户按向上和向下箭头键时，Value 属性相应增加或减少的数量
	RoundFractionalValues	（1）由 App 用户输入的小数值的舍入方法，指定为（'on'）或（'off'）。 ①'on'：如果生成无效值，MATLAB 将对值进行舍入并执行 ValueChangedFcn 回调。如果生成的值超出 Limits 的下限或上限，MATLAB 将把值舍入到 Limits 之内的最接近值，然后执行回调。 ②'off'：MATLAB 不会将小数值舍入为整数。 （2）如果以编程方式将 RoundFractionalValues 属性值从'off'更改为 'on'，MATLAB 将按照下列规则执行操作。 ①如果舍入现有值之后得到的整数位于 Limits 属性指定的范围内，MATLAB 将对现有值进行向上舍入。

续表

对象	属性	说明
值	RoundFractionalValues	②如果舍入现有值之后得到的整数小于下限值，MATLAB 将对现有值进行向上舍入。 ③如果舍入现有值之后得到的整数大于上限值，MATLAB 将对现有值进行向下舍入。 ④如果指定的范围导致无法生成位于该范围内的有效整数，MATLAB 将把 RoundFractionalValues 属性值设置回'off'并显示一条错误消息
	ValueDisplayFormat	值的显示格式，指定为字符向量或字符串标量。 MATLAB 使用 sprintf 以指定的格式显示值，可以混合使用文本和格式化操作符。 示例：spin=app.uispinner('ValueDisplayFormat','%.0f MS/s');
	LowerLimitInclusive	下限值的包含性，指定为'on'或'off'，或者指定为数值或逻辑值 1（true）或 0（false）。值'on'等效于 true，'off'等效于 false。因此，可以使用此属性的值作为逻辑值。该值存储为 matlab.lang.OnOffSwitchState 类型的 on/off 逻辑值。 ①'on'：值必须等于或大于下限值。 ②'off'：值必须大于下限值
	UpperLimitInclusive	上限值的包含性，指定为'on'或'off'，或者指定为数值或逻辑值 1（true）或 0（false）。值'on'等效于 true，'off'等效于 false。因此，可以使用此属性的值作为逻辑值。该值存储为 matlab.lang.OnOffSwitchState 类型的 on/off 逻辑值。 ①'on'：值必须等于或小于上限值。 ②'off'：值必须小于上限值。 例如，如果希望数值输入介于 0 和 1 之间，不含 0 和 1，请执行以下所有操作。 ①将 Limits 属性值设置为[0 1]。 ②将 UpperLimitInclusive 属性设置为'off'。 ③将 LowerLimitInclusive 属性设置为'off'
字体和颜色	FontName	字体名称
	FontSize	字体大小
	FontWeight	字体粗细
	FontAngle	字体角度
	FontColor	字体颜色
	BackgroundColor	背景色
交互性	Visible	可见性状态
	Editable	微调器的可编辑性，指定为选中（'on'）或不选中（'off'）。 此属性可与 Enable 属性值结合使用，以确定组件是否响应以及如何响应 App 用户的输入。 ①要使微调器可编辑、箭头按钮可操作，并且关联的回调可触发，可将 Enable 属性值和 Editable 属性值都设置为'on'。 ②要使微调器不可编辑，但箭头按钮可操作，可将 Editable 属性设置为'off'，将 Enable 属性设置为'on'。 ③要使微调器不可编辑，箭头按钮也不可操作，可将 Editable 属性和 Enable 属性都设置为'off'

续表

对象	属性	说明
交互性	Enable	微调器的工作状态，指定为选中（'on'）或不选中（'off'）。属性内容与 Editable 相同
	Tooltip	工具提示
	ContextMenu	上下文菜单
位置	Position	微调器相对于父容器的位置和大小
	InnerPosition	微调器的内部位置和大小，指定为 [left bottom width height]。位置值相对于父容器。所有测量值都以像素为单位。此属性值等同于 Position 属性值
	OuterPosition	此属性为只读。微调器的外部位置和大小，以 [left bottom width height] 形式返回。位置值相对于父容器。所有测量值都以像素为单位。此属性值等同于 Position 属性值
	HorizontalAlignment	微调器内数字的水平对齐方式，指定为下列值之一。 ①'right'：数字在微调器的右侧对齐。 ②'left'：数字在微调器的左侧对齐。 ③'center'：数字在微调器中居中对齐。 当跨越多行时，对齐标签文本很有用

	Layout	布局选项，指定为 GridLayoutOptions 对象。此属性为网格布局容器的子级组件指定选项。如果组件不是网格布局容器的子级（例如，它是图窗或面板的子级），则此属性为空且不起作用。但是，如果组件是网格布局容器的子级，则可以通过在 GridLayoutOptions 对象上设置 Row 和 Column 属性，将组件放置在网格的所需行和列中。
		例如，以下代码将一个微调器放置在其父网格的第三行第二列中。
		g = uigridlayout([4 3]);
		s = uispinner(g);
		s.Layout.Row = 3;
		s.Layout.Column = 2;
		要使该微调器跨多个行或列，请将 Row 或 Column 属性指定为二元素向量。例如，此微调器跨列 2 到 3。
		s.Layout.Column = [2 3];

回调	ValueChangedFcn	更改值后执行的回调
	ValueChangingFcn	更改值后执行的回调。 在 App 用户释放箭头键之前，Spinner 的 Value 属性不会更新。因此，要获取按下箭头键时的值，代码必须获取 ValueChangingData 对象的 Value 属性。 回调按照如下方式执行。 ①如果 App 用户单击微调器中的向上或向下箭头，回调将执行一次。例如，假设微调器值为 2，Step 值为 1。如果 App 用户单击向上箭头，回调将执行一次。 ②如果 App 用户按住微调器中的向上或向下箭头，回调将重复执行。例如，如果 App 用户单击并按住向上箭头，回调将执行多次，直到 App 用户释放向上箭头为止
回调执行控制	Interruptible	回调中断
	BusyAction	回调排队
父/子	Parent	父容器，指定为使用 uifigure 函数创建的 Figure 对象或其子容器之一：Tab、Panel、ButtonGroup 或 GridLayout。如果未指定容器，MATLAB 将调用 uifigure 函数以创建一个新 Figure 对象来充当父容器

续表

对象	属性	说明
父/子	HandleVisibility	对象句柄的可见性，指定为'on'、'callback'或'off'。 此属性控制对象在其父级的子级列表中的可见性。当对象未显示在其父级的子级列表中时，可以通过函数搜索对象层次结构或查询属性来获取对象，这些函数包括 get、findobj、clf 和 close。如果可以访问某个对象，则可以设置和获取其属性，并将其传递给针对对象进行运算的任意函数。下面给出 HandleVisibility 的值和说明。 ①'on'：对象始终可见。 ②'callback'：对象对于回调或回调调用的函数可见，但对于命令行调用的函数不可见。此选项阻止通过命令行访问对象，但允许回调函数访问它。 ③'off'：对象始终不可见。该选项用于防止另一函数无意中对 UI 进行更改。将 HandleVisibility 设置为'off'，可在执行该函数时暂时隐藏对象
标识符	Tag	对象标识符

3.10.2　示例：模拟调节灯的亮度变化

创建 1 个微调器、1 个信号灯和 1 个按钮组件。当 App 用户更改微调器值时，灯泡亮度由暗变亮；当超出亮度限制后，微调器值将不再改变，需要按回复按钮重置。

具体步骤如下。

（1）设置布局和属性。在画布上布置 1 个微调器（Spinner）、1 个信号灯（Lamp）和 1 个按钮（Button）组件。在"组件浏览器"下面的"检查器"中，将 Lamp 的颜色设为黑色，将 Spinner 值下的 Limits 设为 [010]，将 Step 为 0.5，将 ValueDisplayFormat 设为精确到一位小数，将 Button 的 Text 改为"恢复"，调整布局和组件大小。布局如图 3-45 所示。

图 3-45　布局

（2）添加回调函数。分别添加 SpinnerValueChanged 回调和 ButtonPushed 回调函数，如图 3-46 所示。

（3）进入代码视图，编写回调代码，实现相关功能，如图 3-47 所示。

（4）运行程序。用鼠标单击 Spinner 的"▲""▼"时，Spinner 上的数字会随之改变，如图 3-48 左图所示。当在 Spinner 中输入数字或者单击"▲""▼"改变数字时，Lamp 的颜色会随之改变，如图 3-48 右图所示。

图 3-46　添加回调函数

图 3-47　编写代码

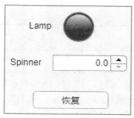

图 3-48　运行程序

3.11　文本区域（TextArea）

文本区域是用于输入多行文本的 UI 组件。可通过属性控制文本区域的外观和行为。可以使用圆点表示法引用特定的对象和属性。

```
fig = uifigure;

tarea = uitextarea(fig);

tarea.Value = 'This sample is an outlier';
```

3.11.1　TextArea 对象的属性

TextArea 对象的主要属性见表 3-13。

表 3-13　　　　　　　　　　　　　TextArea 对象的主要属性

对象	属性	说明
文本	Value	值，指定为字符向量、字符向量元胞数组、字符串数组或一维分类数组。MATLAB 可以正确显示格式化文本。 如果文本区域的宽度不足以容纳文本，MATLAB 将对文本进行换行操作。 如果有太多行要显示在文本区域，MATLAB 将添加一个滚动条
	WordWrap	文本换行以适合组件宽度
	HorizontalAlignment	文本区域中文本的对齐方式，指定为'left'、'right'或'center'。对齐方式影响 App 用户编辑文本区域时区域内文本的显示方式，还影响 MATLAB 在 App 中显示文本的方式
	VerticalAlignment	单击 TextArea 标签时即出现此属性，TextArea 输入框无此属性。标签文本的垂直对齐方式，指定为'center'、'top'或'bottom'，默认为'center'
字体和颜色	FontName	字体名称
	FontSize	字体大小
	FontWeight	字体粗细
	FontAngle	字体角度
	FontColor	字体颜色
	BackgroundColor	背景颜色

续表

对象	属性	说明
交互性	Visible	可见性状态
	Editable	文本区域的可编辑性，指定为选中（'on'）或不选中（'off'）。此属性可与 Enable 属性值结合使用，以确定组件是否响应以及如何响应 App 用户的输入。 ①要使文本区域可编辑并且关联的回调可触发，可将 Enable 属性值和 Editable 属性值都设置为'on'。 ②要使文本区域不可编辑，但文本易于阅读，可将 Enable 属性值设置为'on'，将 Editable 属性值设置为'off'。 ③要使文本区域不可编辑并且使文本灰显，可将这两个属性都设置为'off'
	Enable	文本区域的工作状态
	Tooltip	工具提示
	ContextMenu	上下文菜单
位置	Position	文本区域相对于父级的位置和大小，指定为向量[left bottom width height]。其他性质同 Button
	InnerPosition	该属性未在 App Designer 检查器中显示。文本区域的内部位置和大小指定为[left bottom width height]。位置值相对于父容器。所有测量值都以像素为单位。此属性值等同于 Position 属性值
	OuterPosition	该属性未在 App Designer 检查器中显示，为只读属性。文本区域的外部位置和大小以[left bottom width height]形式返回。位置值相对于父容器。所有测量值都以像素为单位。此属性值等同于 Position 属性值
回调	ValueChangedFcn	更改值后执行的回调，指定为下列值之一。 ①函数句柄。 ②第一个元素是函数句柄的元胞数组。元胞数组中的后续元素是传递到回调函数的参数。 ③包含有效 MATLAB 表达式的字符向量（不推荐）。MATLAB 在基础工作区计算此表达式。 当用户更改文本并按 Tab 键或在文本区域外部单击时，将会执行此回调。如果以编程方式更改 Value 属性，将不会执行此回调函数。 此回调函数可以访问有关用户与文本区域交互的特定信息。MATLAB 将 ValueChangedData 对象中的信息作为第二个参数传递给回调函数。在 AppDesigner 中，该参数名为 event。可以使用圆点表示法查询对象属性。例如，event.PreviousValue 返回文本区域的上一个值。ValueChangedData 对象不可用于指定为字符向量的回调函数。 下面列出了 ValueChangedData 对象的属性。 Value：文本区域在 App 用户最近一次与它交互之后的值。 PreviousValue：文本区域在 App 用户最近一次与它交互之前的值。 Source：执行回调的组件。 EventName：'ValueChanged'

续表

对象	属性	说明
回调	CreateFcn	对象创建函数
	DeleteFcn	对象删除函数
回调执行控制	Interruptible	回调中断
	BusyAction	回调排队
父/子	HandleVisibility	对象句柄的可见性
标识符	Tag	对象标识符

3.11.2　示例：对文本内容进行操作

创建 1 个 App，包含 1 个文本区域组件 TextArea 和 1 个按钮组件 Button。当用户在文本区域输入内容后，单击"Button"按钮，文本区域输入内容的颜色将会变为红色，并且弹出消息对话框，显示在文本框区域输入的内容。可以通过拖动鼠标改变消息对话框的大小。

具体步骤如下。

（1）设置布局和属性。设置方式类似 Button，这里不再赘述。设置好的界面如图 3-49 所示。

（2）进入回调界面，编写回调函数，实现相关功能。

```
function ButtonPushed(app, event)
    app.TextArea.FontColor = [1.00,0.00,0.00];
    value = app.TextArea.Value;
    f = msgbox(value,'文本值','none')
    set(f, 'Resize', 'on');
end
```

（3）运行。

①在文本中输入一行字，如图 3-50 所示。

②单击按钮，如图 3-51 所示。

图 3-49　界面预览

图 3-50　输入文字

图 3-51　单击按钮运行回调函数

3.12　日期选择器（DatePicker）

日期选择器允许用户从交互式日历中选择日期。uidatepicker 函数可以创建日期选择器，并在显示它之前设置任何必需的属性。通过更改日期选择器的属性值，可以对其外观和行为进行某些方面的修改。可以使用圆点表示法引用特定的对象和属性。

```
fig = uifigure;
d = uidatepicker(fig);
d.DisplayFormat = 'M/d/yyyy';
```

3.12.1 DatePicker 对象的属性

表 3-14 列出了日期常用的显示格式。

表 3-14   日期常用格式示例

格式	示例
'yyyy-MM-dd'	2020-11-23
'dd/MM/yyyy'	23/11/2020
'dd.MM.yyyy'	23.11.2020
'yyyy 年 MM 月 dd 日'	2020 年 11 月 23 日
'MMMM d, yyyy'	Nov-23，2020

表 3-15 中的字母标识符用于创建日期和时间显示格式。

表 3-15   用于创建日期和时间显示格式的字母标识符

字母标识符	说明	显示
G	年代	>> datetime('Now','Format','G') CE
y	年份，没有前导的"0"	>> datetime('Now','Format','y') 2021
yy	年份，使用最后两位数	>>datetime('Now','Format','yy') 21
yyy,yyyy...	年份，显示位数至少与'y'的个数相同	对于年份 2021，使用'yyy'和'yyyy'显示 2021，使用'yyyyy'则显示 02021
u,uu,...	ISO 年份，指示年份的单个数字	2021，显示结果与上面相同
Q	季度，使用一位数	>>datetime('Now','Format','Q') 3
QQ	季度，使用两位数	>>datetime('Now','Format','QQ') 03
QQQ	季度，缩写	>>datetime('Now','Format','QQQ') 3 季度
QQQQ	季度，全名	>>datetime('Now','Format','QQQQ') 第三季度
M	月份，使用一位或两位数	>>datetime('Now','Format','M') 9

续表

字母标识符	说明	显示
MM	月份，使用两位数的数值	>>datetime('Now','Format','MM') 09
MMM	月份，缩写名称	>>datetime('Now','Format','MMM') 9 月
MMMM	月份，全名	>>datetime('Now','Format','MMMM') 九月
MMMMM	月份，首字母大写	>> datetime('Now','Format','MMMMM') 9，同理，11 月会显示为 11
W	一个月中的第几周，使用一位数	>> datetime('Now','Format','W') 4
d	一个月中的第几天，使用一位或两位数	>> datetime('Now','Format','d') 30
dd	一个月中的第几天，使用两位数	>> datetime('Now','Format','dd') 30
D	一年中的第几天，使用一位、两位或三位数	>> datetime('Now','Format','D') 273
DD	一年中的第几天，使用两位数字	>> datetime('Now','Format','DD') 273
DDD	一年中的第几天，使用三位数	>> datetime('Now','Format','DDD') 273
e	一周中的第几天，使用一位或两位数	>> datetime('Now','Format','e') 5，星期日是一周中的第一天

DatePicker 对象的主要属性见表 3-16。

表 3-16　　　　　　　　　　DatePicker 对象的主要属性

对象	属性	说明
日期选择器	Value	选定的日期，指定为在 Limits 属性范围内的 datetime 对象。要使选定的日期变为未指定状态，可将此属性设置为 NaT。 如果指定的 datetime 对象包含时间信息，则 Value 属性中只保留日期信息。 示例：d=uidatepicker('Value',datetime('today'))
	Limits	选择范围，指定为 1×2datetime 数组。此数组中的第二个值必须晚于第一个值。默认值为[datetime(0000,1,1) datetime (9999, 12, 31)]。此默认值从尽可能早的日期开始，并在 Date Picker 支持的最晚可能日期结束。 在正在运行的 App 中，日期选择器允许用户在此属性定义的闭区间内选择日期。如果该区间内有禁用的日期，这些日期将被排除。示例：d=uidatepicker('Limits',[datetime('today') datetime (2050,1,1)])
	DisplayFormat	日期选择器文本字段的显示格式，指定为字符向量或字符串标量。默认格式取决于运行 App 的系统的区域设置。要分隔字段，可以包括非字母字符，如连字符、空格、冒号或任何非 ASCII 字符。 示例：d=app.uidatepicker('DisplayFormat','dd/MM/yy')

对象	属性	说明
日期选择器	DisabledDaysOfWeek	一周中禁用的日期，指定为下列值之一。 ①空数组[]，启用一周中的所有日期。 ②[1,7]范围内的整数向量。这些数字对应一周中的各天。例如，[1 3]禁用星期日和星期二。 ③由字符向量组成的一维元胞数组，其中的数组元素包含本地化的日期名称。部分周中日期名称必须明确。例如，{'F','Sa'}禁用星期五和星期六。 ④字符串向量，包含完整或部分本地化的周中日期名称。 使用元胞数组或字符串向量指定周中日期名称时，代码仅适用于编写代码时所使用的区域设置。要使代码适用于任何区域设置，可将此属性指定为数值向量
	DisabledDates	禁用的日期，指定为 m×1 datetime 数组。此属性指定在运行的 App 中不能选择的日期。 示例：d=uidatepicker('DisabledDates',datetime(2018,1,1))会禁用 2018 年 1 月 1 日。 datetime 数组不能包含任何 NaT 值，并且日期必须按升序排序。 要重新启用所有以前禁用的日期，可调用 NaT(0)以创建空 datetime 数组：d.DisabledDates=NaT(0);
字体和颜色	FontName	字体名称
	FontSize	字体大小
	FontWeight	字体粗细
	FontAngle	字体角度
	FontColor	字体颜色
	BackgroundColor	背景颜色
交互性	Visible	可见性状态
	Editable	允许编辑字段更改，指定为选中（'on'）或不选中（'off'）。如果将此属性设置为选中（'on'），则允许用户在运行时更改编辑字段中的日期。Enable 属性也必须设置为'on'才允许更改编辑字段
	Enable	工作状态
	Tooltip	工具提示
	ContextMenu	上下文菜单
位置	Position	折叠后的日期选择器相对于父容器的位置和大小，指定为[left bottom width height]形式的向量。此表介绍该向量中的每个元素。 ① left：从父容器内部左边缘到日期选择器外部左边缘之间的距离。 ② bottom：从父容器内部下边缘到日期选择器外部下边缘之间的距离。 ③ width：日期选择器左右外边缘之间的距离。 ④ height：日期选择器上下外边缘之间的距离。 所有测量值都以像素为单位

续表

对象	属性	说明
回调	ValueChangedFcn	值更改函数。 ① Value：新选定的日期。 ② PreviousValue：之前选定的日期。 ③ Source：执行回调的组件。 ④ EventName：'ValueChanged'。 当用户重新选择或重新键入当前选定的日期时，不会执行 ValueChangedFcn 回调。当以编程方式更改 Value 属性时，也不会执行该回调
	CreateFcn	创建函数
	DeleteFcn	删除函数
回调执行控制	Interruptible	回调中断
	BusyAction	回调排队
父/子	HandleVisibility	对象句柄的可见性
标识符	Tag	对象标识符

3.12.2 示例：更改系统日期

创建 1 个日期选择器。当用户更改日期时，弹出对话框会做出提示。如果用户单击确认，日期选择器将显示该日期；如果用户单击取消，日期选择器将回到上一个日期。

具体步骤如下。

（1）设置布局和属性。将日期选择器的 Value 值更改为某一天，在本例中为 2020-11-23，如图 3-52 所示。

（2）添加回调函数。进入代码视图，编写回调代码，实现相关功能，如图 3-53 所示。

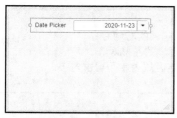

图 3-52 布局及属性设置

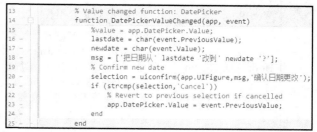

图 3-53 编写代码

（3）运行程序，如图 3-54～图 3-56 所示。

图 3-54 运行程序并选择日期

图 3-55 确认日期更改

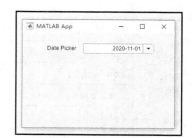

图 3-56 日期更改完毕

3.13 标签（Label）

标签是一种 UI 组件，其中包含用于标记 App 各部分的静态文本。可通过属性控制标签的外观和行为。可以使用圆点表示法引用特定的对象和属性。

```
fig = uifigure;

tlabel = uilabel(fig);

tlabel.Text = 'Options';
```

3.13.1 Label 对象的属性

Label 对象的主要属性见表 3-17。

表 3-17　　　　　　　　　　　　Label 对象的主要属性

对象	属性	说明

文本	Text	标签文本，指定为字符向量、字符向量元胞数组、字符串标量、字符串数组或一维分类数组。可以使用字符向量元胞数组或字符串数组指定多行文本，也可以使用 sprintf 函数创建包含换行符和其他特殊字符的格式化文本。
		text=sprintf('%s\n%s','Line 1','Line 2');
		label=app.uilabel('Text',text,'Position',[100 100 100 32]);
		如果将文本指定为字符向量而不使用 sprintf，MATLAB 将不会解释像 \n 这样的控制序列。
		如果将此属性指定为分类数组，MATLAB 将使用数组中的值，而不是完整的类别集。
		示例：'Threshold'
		示例：{'Threshold' 'Value'}

	WordWrap	文字换行以适合组件宽度
	HorizontalAlignment	文本的水平对齐方式，指定为下列值之一。 ①'right'：文本与 Position 属性所指定区域的右侧对齐。 ②'left'：文本与 Position 属性所指定区域的左侧对齐。 ③'center'：文本在 Position 属性所指定区域内水平居中对齐。 对对齐标签多行文本很有用
	VerticalAlignment	文本的垂直对齐方式，指定为下列值之一。 ①'center'：文本在 Position 属性所指定区域内垂直居中对齐。 ②'top'：文本与 Position 属性所指定区域的顶部对齐。 ③'bottom'：文本与 Position 属性所指定区域的底部对齐。 对对齐标签多行文本很有用
字体和颜色	FontName	字体名称
	FontSize	字体大小
	FontWeight	字体粗细
	FontAngle	字体角度
	FontColor	字体颜色
	BackgroundColor	背景颜色

续表

对象	属性	说明
交互性	Visible	可见性状态
	Enable	工作状态
	Tooltip	工具提示
	ContextMenu	上下文菜单
位置	Position	标签相对于父级的位置和大小
回调执行控制	Interruptible	回调中断
	BusyAction	回调排队
父/子	HandleVisibility	对象句柄的可见性
标识符	Tag	对象标识符

3.13.2　示例：显示王勃的诗

创建 1 个标签，在标签之外的画布上单击鼠标左键，显示王勃的《滕王阁诗》。

具体步骤如下。

（1）设置布局和属性。

在画布上布置 1 个标签，设置标签 WordWrap 属性为选中状态，BackgrounpColor 选择为白色，设置文本为上下居中和左右居中，字体为黑体，大小为 16，布局如图 3-57 所示。《滕王阁诗》如下。

滕王阁诗

王勃

滕王高阁临江渚，佩玉鸣鸾罢歌舞。
画栋朝飞南浦云，珠帘暮卷西山雨。
闲云潭影日悠悠，物换星移几度秋。
阁中帝子今何在？槛外长江空自流。

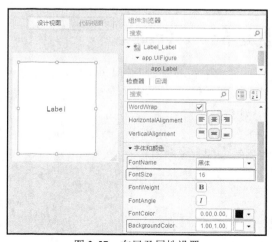

图 3-57　布局及属性设置

（2）添加回调函数，进入回调代码编辑界面。

右键单击"组件浏览器"中的"app.UIFigure"，在弹出菜单中选择"回调"→"转至 UIFigureButtonDown 回调"，跳转至代码编辑窗口。选择回调函数如图 3-58 所示。

（3）进入代码视图，编写回调代码，实现相关功能，如图 3-59 所示。

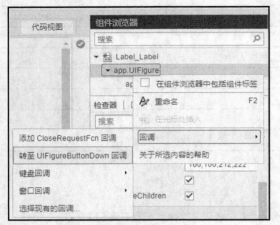

图 3-58　添加回调

图 3-59　编写代码

（4）运行程序，单击标签外窗体，如图 3-60 所示。

图 3-60　程序运行

3.14　树及树（复选框）（Tree）

树是指用来表示 App 层次结构中的项目列表的 UI 组件。通过更改树的属性值，可以修改树外观和行为的某些方面。树的样式有两种。

（1）'tree'：项目的分层列表。

（2）'checkbox'：可以检查的项目的分层列表，每个项目的左侧带有一个复选框。

可以使用圆点表示法引用特定的对象和属性。

```
fig = uifigure;

t = uitree(fig);

t.Multiselect = 'on';
```

3.14.1　Tree 对象的属性

Tree 对象的主要属性见表 3-18。

表 3-18　　　　　　　　　　　　　　Tree 对象的主要属性

对象	属性	说明
节点	SelectedNodes	选定的节点，指定为 TreeNode 对象或由 TreeNode 对象组成的数组。使用此属性获取或设置树中选定的节点。 要允许用户选择多个节点，可将 Multiselect 属性设置为'on'。当树中有多个选定的节点时，MATLAB 始终以列向量形式返回 SelectedNodes
字体和颜色	FontName	字体名称
	FontSize	字体大小
	FontWeight	字体粗细
	FontAngle	字体角度
	FontColor	字体颜色
	BackgroundColor	背景颜色
交互性	Visible	可见性状态
	Multiselect	多节点选择，指定为选中（'on'）或不选中（'off'）。如果将此属性设置为选中（'on'），则允许用户同时选择多个项目
	Editable	允许编辑字段更改，指定为选中（'on'）或不选中（'off'）。将此属性设置为'on'，允许用户在运行时编辑节点文本。Enable 属性也必须设置为'on'，才能使文本指定为可编辑
	Enable	树的工作状态，指定为选中（'on'）或不选中（'off'）。如果选中（'on'），则 App 用户可以与树及其节点进行交互。如果不选中（'off'），组件将灰显，指示 App 用户无法与该组件或其节点交互，并且它不会触发回调
	Tooltip	工具提示
	ContextMenu	上下文菜单
位置	Position	相对于父级的位置和大小
回调	SelectionChangedFcn	使用此回调函数可在用户在树中选择不同的节点时执行命令。 此回调函数可以访问有关用户与树交互（如选择的节点）的特定信息。MATLAB 在 SelectedNodesChangedData 对象中将此信息作为第二个参数传递给回调函数。在 App 设计工具中，该参数名为 event。可以使用圆点表示法查询对象属性。例如，event.SelectedNodes 返回选定的一个或多个 TreeNode 对象。SelectedNodesChangedData 对象不可用于指定为字符向量的回调函数。 ① SelectedNodes：最近选择的一个或多个 TreeNode 对象。 ② PreviousSelectedNodes：上次选择的一个或多个 TreeNode 对象。 ③ Source：执行回调的组件。 ④ EventName：'SelectionChanged'

对象	属性	说明
回调	NodeExpandedFcn	节点展开时的回调。使用此回调函数可在用户展开树中的节点时执行命令。此回调函数可以访问有关用户与节点交互的特定信息。MATLAB 将 NodeExpandedData 对象中的此信息作为第二个参数传递给回调函数。在 App 设计工具中，该参数名为 event。可以使用圆点表示法查询对象属性。例如，event.Node 返回用户折叠的 Tree Node 对象。NodeExpandedData 对象不可用于指定为字符向量的回调函数。 ① Node：用户展开的 TreeNode 对象。 ② Source：执行回调的组件。 ③ EventName：'NodeExpanded'
	NodeCollapsedFcn	节点折叠时的回调。该属性功能类似 NodeExpandedFcn。此回调函数可以访问有关用户与节点交互的特定信息。MATLAB 将 NodeCollapsedData 对象中的此信息作为第二个参数传递给回调函数。在 App 设计工具中，该参数名为 event。可以使用圆点表示法查询对象属性。例如，event.Node 返回用户折叠的 Tree Node 对象。NodeCollapsedData 对象不可用于指定为字符向量的回调函数。 ① Node：用户折叠的 TreeNode 对象。 ② Source：执行回调的组件。 ③ EventName：'NodeCollapsed'
	NodeTextChangedFcn	节点文本更改回调。该属性功能类似 NodeExpandedFcn。 此回调函数可以访问有关用户与树节点交互的特定信息。MATLAB 将 NodeTextChangedData 对象中的此信息作为第二个参数传递给回调函数。在 App 设计工具中，该参数名为 event。可以使用圆点表示法查询对象属性。例如，event.PreviousText 返回原先的节点文本。NodeTextChangedData 对象不可用于指定为字符向量的回调函数。 ① Node：已更改文本的 TreeNode 对象。 ② Text：新节点文本。 ③ PreviousText：原先的节点文本。 ④ Source：执行回调的组件。 ⑤ EventName：'NodeTextChanged'
回调执行控制	Interruptible	回调中断
	BusyAction	回调排队
父/子	HandleVisibility	对象句柄的可见性
标识符	Tag	对象标识符

3.14.2 示例：选择节点读取 Excel 展示内容

创建 1 个树和 1 个标签组件。当 App 启动后，读取 Excel 表格内容，在 Tree 组件中显示。表格中为 New York、Chicago、Los Angeles 3 个城市的部分新冠病人统计，表格内容如图 3-61 所示。

具体步骤如下。

（1）设置布局和属性。在画布上布置 1 个树（Tree）和 1 个标签（Label），更改组件名字，调整大小，如图 3-62 所示。

	A	B	C	D
1	Name	Gender	Age	City
2	Smith	男	38	New York
3	Johnson	男	43	Chicago
4	Williams	女	38	Los Angeles
5	Jones	女	40	Chicago
6	Brown	女	49	New York
7	Davis	女	46	Los Angeles
8	Miller	女	33	Chicago
9	Wilson	男	40	Chicago
10	Moore	男	28	Los Angeles

图 3-61　电子表格内容

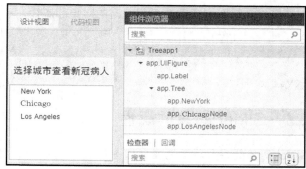

图 3-62　布局及属性设置

（2）添加回调函数。添加 startupFcn 回调函数，进入代码视图，编写回调代码，实现相关功能，如图 3-63 所示。

```matlab
17    function startupFcn(app)
18        % 读取电子表格中的病人信息
19        t = readtable('病人信息.xlsx');
20        % 创建纽约的病人节点
21        patients = t(strcmp(t.City,app.NewYork.Text) ...
22            & t.Infect, 'Name');
23        for j = 1:size(patients,1)
24            name = char(patients{j,'Name'});
25            uitreenode(app.NewYork,'Text',name);
26        end
27        % 创建芝加哥的病人节点
28        patients = t(strcmp(t.City,app.ChicagoNode.Text) ...
29            & t.Infect & t.Age ~= 0,'Name');
30        for j = 1:size(patients,1)
31            name = char(patients{j,'Name'});
32            uitreenode(app.ChicagoNode,'Text',name);
33        end
34        % 创建洛杉矶的病人节点
35        patients = t(strcmp(t.City,app.LosAngelesNode.Text) ...
36            & t.Infect & t.Age > 44,'Name');
37        for j = 1:size(patients,1)
38            name = char(patients{j,'Name'});
39            uitreenode(app.LosAngelesNode,'Text',name);
40        end
41        % Set table row names to last names
42        t.Properties.RowNames = t.Name;
43    end
```

图 3-63　编写代码

（3）运行程序，如图 3-64 所示。

图 3-64　运行程序

3.15　滑块（Slider）

滑块是一种 UI 组件，允许用户在某个连续范围内选择一个值。可通过属性控制滑块的外观和行为。可以使用圆点表示法引用特定的对象和属性。

```
fig = uifigure;

s = uislider(fig);

s.Value = 20;
```

3.15.1　Slider 对象的属性

Slider 对象的主要属性见表 3-19。

表 3-19　　　　　　　　　　　　　Slider 对象的主要属性

对象	属性	说明
滑块	Value	滑块值，指定为数值。数值必须在 Limits 属性值指定的范围内
	Limits	滑块的最小值和最大值，指定为二元数值数组。第一个值必须小于第二个值。 如果更改 Limits，使得 Value 属性小于新的下限值，MATLAB 会将 Value 改为新的下限值。例如，假设 Limits 属性为[0 100]，Value 为 20。如果将 Limits 更改为[50 100]，MATLAB 会将 Value 改为 50。同样，如果更改 Limits，使得 Value 属性大于新的上限值，MATLAB 会将 Value 改为新的上限值
	Orientation	滑块的方向，指定为'horizontal'或'vertical'
刻度	MajorTicks	主刻度线位置，指定为数值向量或空向量。如果不想显示主刻度线，可将此属性指定为空向量。 超出 Limits 属性范围的刻度位置不显示。 MATLAB 将删除重复的刻度值。但是，如果主刻度与次刻度落在相同的值上，则只显示主刻度。 如果设置 MajorTicks 属性，会将 MajorTicksMode 属性设置为'manual'
	MajorTickLabels	主刻度标签，指定为字符向量元胞数组、字符串数组或一维分类数组。如果不想显示刻度标签，可将此属性指定为空元胞数组。如果要删除特定刻度线上的标签，可为 MajorTickLabels 数组中的对应元素指定空字符向量或空字符串标量。如果将此属性指定为分类数组，MATLAB 将使用数组中的值，而不是完整的类别集。 如果 MajorTickLabels 数组的长度与 MajorTicks 向量的长度不同，MATLAB 将忽略较长的那个数组中的多余条目。如果有多余的标签，这些标签将被忽略。如果有多余的刻度线，将显示这些刻度线，但不带标签。 如果设置 MajorTickLabels，会将 MajorTickLabelsMode 值更改为'manual'
	MajorTicksMode	主刻度创建模式，指定为下列值之一。 ①'auto'：由 MATLAB 决定主刻度的位置。 ②'manual'：由用户指定 MajorTicks 值数组
	MajorTickLabelsMode	主刻度标签模式，指定为下列值之一。 ①'auto'：由 MATLAB 指定主刻度标签。 ②'manual'：由用户使用 MajorTickLabels 属性指定主刻度标签

续表

对象	属性	说明
刻度	MinorTicks	次刻度线位置，指定为数值向量或空向量。如果不想显示次刻度线，可将此属性指定为空向量。 超出 Limits 属性范围的刻度位置不显示。 MATLAB 将删除重复的刻度值。但是，如果次刻度与主刻度落在相同的值上，则只显示主刻度。 如果设置 MinorTicks 属性值，会将 MinorTicksMode 属性值设置为'manual'
	MinorTicksMode	次刻度创建模式，指定为'auto'或'manual'。 当 MinorTicksMode 设置为'auto'时，将由 MATLAB 决定次刻度的位置
字体和颜色	FontName	字体名称
	FontSize	字体大小
	FontWeight	字体粗细
	FontAngle	字体角度
	FontColor	字体颜色
交互性	Visible	可见性状态
	Enable	工作状态
	Tooltip	工具提示
	ContextMenu	上下文菜单
位置	Position	滑块的位置和大小，不包括刻度线和标签，指定为向量[left bottom width height]
	InnerPosition	该属性未在组件浏览器中体现，可以在代码中设置。控制滑块的内部位置和大小，不包括刻度线和刻度标签，指定为向量[left bottom width height]。位置值相对于父容器。所有测量值都以像素为单位。此属性值等同于 Position 属性值
回调	ValueChangedFcn	更改值后执行的回调。当用户将滑块移动到滑块组件上的不同位置时，将会执行此回调。如果以编程方式更改滑块值，将不会执行此回调。 此回调函数可以访问有关用户与滑块交互的特定信息。MATLAB 将 ValueChangedData 对象中的此信息作为第二个参数传递给回调函数。在 AppDesigner 中，该参数名为 event。可以使用圆点表示法查询对象属性。例如，event. PreviousValue 返回滑块的上一个值。ValueChangedData 对象不可用于指定为字符向量的回调函数。下面给出了 ValueChangedData 对象的属性和值。 ① Value：滑块在 App 用户最近一次与它交互之后的值。 ② PreviousValue：滑块在 App 用户最近一次与它交互之前的值。 ③ Source：执行回调的组件。 ④ EventName：'ValueChanged'

续表

对象	属性	说明
回调	ValueChangingFcn	更改值后执行的回调。当用户沿 App 中的滑块组件移动滑块时，将会执行此回调。如果以编程方式更改 Value 属性，将不会执行此回调函数。 此回调可以访问有关用户与滑块交互的特定信息。MATLAB 将 ValueChangingData 对象中的此信息作为第二个参数传递给回调函数。在 App Designer 中，该参数名为 event。可以使用圆点表示法查询对象属性。例如，event.Value 返回滑块的当前值。ValueChangingData 对象不可用于指定为字符向量的回调函数。 ① Value：滑块在 App 用户与它交互时的当前值。 ② Source：执行回调的组件。 ③ EventName：'ValueChanging'。 在用户释放滑块之前，Slider 对象的 Value 属性不会更新。因此，要获取移动滑块时的值，代码必须获取 ValueChangingData 对象的 Value 属性。 ValueChangingFcn 回调按照如下方式执行。 ① 如果 App 用户单击滑块值一次，回调将执行一次。例如，如果滑块在 1.0 的位置，App 用户在 1.1 位置单击一次，回调将执行一次。 ② 如果 App 用户单击滑块并将其拖动到新位置，回调将重复执行。例如，如果滑块值为 1.0，App 用户单击、按住并将滑块拖动到值 10.0 处，回调将执行多次，直到 App 用户释放滑块为止
	CreateFcn	对象创建函数
回调执行控制	Interruptible	回调中断
	BusyAction	回调排队
父/子	HandleVisibility	对象句柄的可见性
标识符	Tag	对象标识符

3.15.2　示例：微调器和滑块相互读取并展示数值

创建 1 个微调器和 1 个滑块组件。当 App 用户更改微调器值时，滑块将不断更新以匹配该值。当 App 用户拖动滑块时，微调器将不断更新以匹配该值。

具体步骤如下。

（1）设置布局和属性。在画布上布置 1 个微调器（Spinner）和滑块（Slider），调整大小，如图 3-65 所示。

（2）添加回调函数。分别添加 SliderValueChanging 回调和 SpinnerValueChanging 回调函数，如图 3-66、图 3-67 所示。

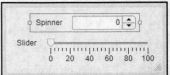

图 3-65　布局及属性设置

（3）进入代码视图，编写回调代码，实现相关功能，如图 3-68 所示。

（4）运行程序。

①用鼠标拖动 Slider 的滑块时，Spinner 的值会随之改变，如图 3-69 左图所示。

②当在 Spinner 中输入数字或者单击"上下三角"改变值的大小的时候，Slider 的滑块也会

随之滑动，如图 3-69 右图所示。

图 3-66　添加 SliderValueChanging 回调

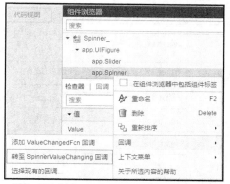
图 3-67　添加 SpinnerValueChanging 回调

```
15        % Value changing function: Spinner
16        function SpinnerValueChanging(app, event)
17            %changingValue = event.Value;
18            app.Slider.Value = event.Value;
19        end
20
21        % Value changing function: Slider
22        function SliderValueChanging(app, event)
23            % changingValue = event.Value;
24            app.Spinner.Value = event.Value;
25        end
```
图 3-68　编写代码

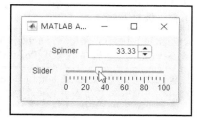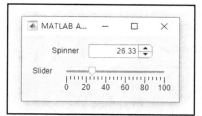
图 3-69　运行程序

3.16　状态按钮（StateButton）

状态按钮是一种指示逻辑状态的组件，可通过属性控制状态按钮的外观和行为。可以使用圆点表示法引用特定的对象和属性。

```
fig = uifigure;

sb = uibutton(fig,'state');

sb.Value = true;
```

3.16.1　StateButton 对象的属性

StateButton 对象的主要属性见表 3-20。

表 3-20 StateButton 对象的主要属性

对象	属性	说明
按钮	Value	按钮的按下状态，选中（值为 1 或 true）时，状态按钮显示为按下；未选中（值为 0 或 false），状态按钮显示为未按下
	Text	按钮标签
	WordWrap	文字换行以适合组件宽度
	Icon	图标源或文件。同 PushButton
字体和颜色	FontName	字体名称
	FontSize	字体大小
	FontWeight	字体粗细
	FontAngle	字体角度
	FontColor	字体颜色
	BackgroundColor	背景颜色
交互性	Visible	可见性状态
	Enable	工作状态
	Tooltip	工具提示
	ContextMenu	上下文菜单
位置	Position	按钮的位置和大小。按钮的位置和大小，指定为[left bottom width height]形式的向量。所有测量值都以像素为单位
	InnerPosition	按钮的位置和大小，指定为[left bottom width height]形式的四元素向量。所有测量值都以像素为单位。此属性值等同于 Position 属性值
	OuterPosition	此属性为只读。按钮的位置和大小，返回为[left bottom width height]形式的四元素向量。所有测量值都以像素为单位。此属性值等同于 Position 属性值
	HorizontalAlignment	图标和文本的水平对齐方式，指定为'center'、'left'或'right'。水平对齐基于按钮边框内的区域。当文本占满按钮的整个宽度时，设置此属性在 UI 中没有明显的效果
	VerticalAlignment	图标和文本的垂直对齐方式，指定为'center'、'top'或'bottom'。垂直对齐基于按钮边框内的区域。当文本占满按钮的整个高度时，设置此属性在 UI 中没有明显的效果
	IconAlignment	图标相对于按钮文本的位置，指定为'left'、'right'、'top'或'bottom'。如果 Text 属性为空，则图标将使用 HorizontalAlignment 和 VerticalAlignment 属性，而不使用 IconAlignment 属性
	Layout	布局选项，指定为 GridLayoutOptions 对象。此属性为网格布局容器的子级组件指定选项。如果组件不是网格布局容器的子级（例如，它是图窗或面板的子级），则此属性为空且不起作用。但是，如果组件是网格布局容器的子级，则可以通过在 GridLayout Options 对象上设置 Row 和 Column 属性，将组件放置在网格的所需行和列中。例如，以下代码将一个状态按钮放置在其父网格的第三行第二列中

续表

对象	属性	说明

位置	Layout	g = uigridlayout([4 3]);
		sb = uibutton(g,'state');
		sb.Layout.Row = 3;
		sb.Layout.Column = 2;
		要使该按钮跨多个行或列，请将 Row 或 Column 属性指定为二元素向量。例如，此按钮跨列 2 到 3：
		sb.Layout.Column = [2 3];

回调	ValueChangedFcn	按下按钮后执行的回调
	CreateFcn	对象创建函数
	DeleteFcn	对象删除函数
回调执行控制	Interruptible	回调中断
	BusyAction	回调排队
父/子	HandleVisibility	对象句柄的可见性
标识符	Tag	对象标识符

3.16.2 示例：单击按钮提示按钮状态

创建 1 个状态按钮和 1 个文本区域组件。当 App 用户单击状态按钮时，文本区域显示状态按钮的状态值。

具体步骤如下。

（1）设置布局和属性。在画布上布置 1 个状态按钮（StateButton，显示为 Button）和文本区域（TextArea），将 Button 组件的名字更改为状态按钮，调整各组件的位置和大小，如图 3-70 所示。

（2）添加回调函数。添加 ButtonValueChanged 回调函数，进入代码视图，编写回调代码，实现相关功能，如图 3-71 所示。

图 3-70　布局及属性设置

图 3-71　编写代码

（3）单击状态按钮，运行程序，如图 3-72 所示。

图 3-72　运行程序

可以看出，两次单击按钮后，状态按钮的状态不同，返回的值也不同。

3.17　编辑字段（数值、文本）（EditField）

编辑字段是用于输入文本的 UI 组件。EditField 在 App Designer 中显示为两个组件：数值编辑字段文本和编辑字段，其属性和用法基本一样。可通过属性控制编辑字段的外观和行为。可以使用圆点表示法引用特定的对象和属性。

```
fig = uifigure;
ef = uieditfield(fig);
ef.Value = 'New sample';
```

3.17.1　EditField 对象的属性

EditField 对象的属性同 TextArea 对象的属性。

3.17.2　示例：单击按钮改变文本颜色

参照 TextArea 同样可以完成对 EditField 的布局、属性设置，及对回调函数的编写与运行，如图 3-73 所示。

```
function ButtonPushed(app, event)
    app.EditFiled.FontColor = [1.00,0.00,0.00];
    value = app.EditFiled.Value;
    f = msgbox(value,'文本值','none')
    set(f, 'Resize', 'on');
end
```

运行效果如下所示。

（1）在文本中输入一行字，如图 3-74 所示。

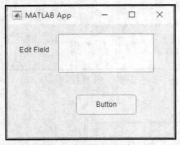

图 3-73　设计界面

图 3-74　运行后输入文字

（2）单击按钮，如图 3-75 所示。

提示　如果要使 Text Area、Edit Field 的文本内容多行显示，可以使用"Shift+Enter"组合键，这样就可以自动多行输入和显示，如图 3-76 所示。

图 3-75　单击按钮后的运行效果

图 3-76　多行显示

3.18　表（UITable）

表 UI 组件在 App 中显示数据的行和列。uitable 函数创建一个表 UI 组件，并在显示前为其设置所有必需的属性。通过更改 Table 对象的属性值，可以对其外观和行为进行某些方面的修改。可以使用圆点表示法引用特定的对象和属性。

```
fig = uifigure;
uit = uitable(fig,'Data',[1 2 3; 4 5 6; 7 8 9]);
uit.FontSize = 10;
```

3.18.1　UITable 对象的属性

UITable 对象的主要属性见表 3-21。

表 3-21　　　　　　　　　　　　　UITable 对象的主要属性

对象	属性	说明
表	ColumnName	列名称，指定为下列值之一。 ①'numbered'：列标题是从 1 开始的有序数字 ②字符向量元胞数组或分类数组：数组的每个元素都变为列名。列名限制为单行文本。如果指定 1×n 元胞数组，MATLAB 将存储该值并以 n×1 元胞数组形式返回该值。如果指定 m×n 数组，MATLAB 将数组重构为列向量。 ③空元胞数组({})：表没有任何列标题。 ④空矩阵([])：表没有任何列标题。 如果 Data 属性数组中的列数与 ColumnName 数组中的元素数不匹配，则生成表中的列数是这两个值中的较大者。 如果将 Data 属性指定为表数组，则默认列名称与表数组的 VariableNames 属性匹配。更改表 UI 组件的 ColumnName 属性，MATLAB 将更新 UI，但不会更新表数组中的变量名称

续表

对象	属性	说明
表	ColumnWidth	表列的宽度，指定为'auto'或 1×n 元胞数组。 元胞数组中的每一列都与表中的一列对应。这些值以像素为单位。如果指定'auto'，则 MATLAB 使用多个因子自动计算列宽，其中一个因子是 ColumnName 属性值。 可以将固定列宽和'auto'列宽组合在元胞数组中，也可以指定单个值'auto'，以自动获得所有列宽。如果指定的数组中的值少于列数，则没有指定值的列将保留默认值'auto'。如果数组中的值多于列数，MATLAB 会忽略多余的值
	ColumnEditable	编辑列单元格的功能，指定为下列值之一。 ①空逻辑数组([])：没有可编辑的列。 ②1×n 逻辑数组：该数组指定哪些列是可编辑的。n 的值等于表中的列数。数组中的每个值对应一个表列。数组中的值 true 将使该列中的单元格可编辑，值 false 将使该列中的单元格不可编辑。如果数组中的值多于列数，MATLAB 会忽略多余的值。如果数组中的值少于列数，则没有指定值的列不可编辑。 ③逻辑标量：整个表可编辑或不可编辑。 当用户编辑单元格时，Data 属性会更新。 要使用户能够与包含复选框或弹出式菜单的表列中的组件进行交互，可将 ColumnEditable 属性设置为 true。 如果 Data 属性是一个表数组，则任何多列变量或包含不可编辑数据类型的变量，如 duration，在运行的 App 中都不可编辑，即使 ColumnEditable 属性是 true 也是如此。对于元胞数组中包含的混合数据类型的表数组变量，只要这些数据类型是可编辑的，则表数组变量在运行的 App 中也将是可编辑的
	ColumnSortable	对列进行排序的能力，指定为下列值之一。 ①空逻辑数组([])：没有可排序的列。 ②逻辑标量：整个表可排序（true）或不可排序（false）。 ③1×n 逻辑数组：此数组指定哪些列是可排序的，n 的值等于表中的列数，数组中的每个值对应于一个表列。数组中的值 true 使该列可排序，值 false 使该列不可排序。如果数组中的值多于列数，MATLAB 会忽略多余的值。如果数组中的值少于列数，则没有指定值的列不可排序。 如果 Data 属性包含元胞数组数据或具有元胞数组列的表数组数据，则只有具有一致数据类型的数值/字符数组列或字符向量元胞数组列才能在运行的 App 中排序。即使 Column Sortable 属性为 true，具有一致的逻辑数据类型或不一致数据类型的元胞数组列也无法在运行的 App 中排序
	RowName	行名称，指定为下列值之一。 ①'numbered'：行标题是从 1 开始的有序数字。 ②字符向量元胞数组或分类数组：数组的每个元素都变为行名。行名限制为单行文本。如果指定 1×n 元胞数组，MATLAB 将存储该值并以 n×1 元胞数组形式返回该值。如果指定 m×n 数组，MATLAB 将数组重构为列向量。 ③元胞数组({})：表没有任何行标题。 ④空矩阵([])：表没有任何行标题。 如果 Data 属性数组中的行数与 RowName 数组中的元素数不匹配，则生成的表中的行数反映 Data 属性中的行数。 如果将 Data 属性指定为表数组，则默认行名称与表数组的 RowNames 属性匹配。更改表 UI 组件的 RowName 属性将使 MATLAB 更新 UI，但不会更新表数组中的行名称

续表

对象	属性	说明
字体	FontName	字体名称
	FontSize	字体大小
	FontWeight	字体粗细
	FontAngle	字体角度
颜色和样式	ForegroundColor	单元格文本颜色。当使用 ForegroundColor 属性设置单元格文本颜色时，它将应用于表 UI 组件中的所有单元格
	RowStriping	隔行着色，指定为'on'或'off'，或者指定为数值或逻辑值 1（true）或 0（false）。值'on'等效于 true，'off'等效于 false。因此，可以使用此属性的值作为逻辑值。该值存储为 matlab. lang.OnOffSwitchState 类型的 on/off 逻辑值。 此属性控制表行的着色模式。当 RowStriping 值设置为'on'时，BackgroundColor 矩阵指定行的颜色以某种重复模式显示。如果 BackgroundColor 矩阵只有一行，则所有表行的着色都相同。 当 RowStriping 设置为'off'时，BackgroundColor 矩阵中的第一个颜色定义表中所有行的着色
交互性	Visible	可见性状态
	Enable	工作状态
	Tooltip	工具提示
	ContextMenu	上下文菜单
位置	Position	相对于父级的位置和大小
回调执行控制	Interruptible	回调中断
	BusyAction	回调排队
父/子	HandleVisibility	对象句柄的可见性
标识符	Tag	对象标识符

3.18.2 示例：读取 Excel 信息到 UITable

创建 1 个表组件，用于显示 Excel 表格内容。

具体步骤如下。

（1）设置布局和属性。在画布上布置 1 个 UITable 组件，调整其大小。将表的 Column Name 修改为要显示的 Excel 表格的表头内容，以英文逗号分隔，将 ColumnSortable 属性设置为 true，如图 3-77 所示。

（2）添加回调函数，进入回调代码编辑界面。进入代码视图，编写回调代码，实现相关功能，如图 3-78 所示。

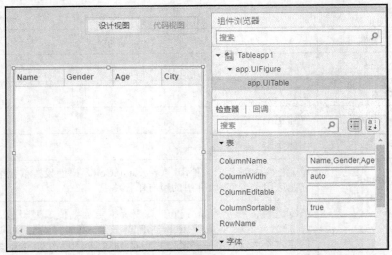

图 3-77 布局及属性设置

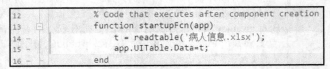

```
12          % Code that executes after component creation
13    ┌   function startupFcn(app)
14    -        t = readtable('病人信息..xlsx');
15    -        app.UITable.Data=t;
16    -    end
```

图 3-78 编写代码

（3）运行程序。当鼠标单击表头时，可以按照升序或者降序进行扩展排序，如图 3-79、图 3-80 所示。

图 3-79 程序运行

图 3-80 按年龄排序

3.19 超链接（Hyperlink）

Hyperlink 用于创建超链接组件。Hyperlink 具有一个 HyperlinkClickedFcn 回调，可以通过单击"超链接方式"执行 MATLAB 代码或（和）一个 URL 属性。URL 值不能以"matlab："开头。

3.19.1　Hyperlink 对象的属性

Hyperlink 对象的主要属性见表 3-22。

表 3-22　　　　　　　　　　　　　Hyperlink 对象的主要属性

对象	属性	说明
文本	URL	超链接地址，测试阶段可以单击 URL 右边的图标测试是否可以打开链接
	Text	值，指定为字符向量、字符向量元胞数组、字符串数组或一维分类数组。MATLAB 可以正确显示格式化文本。如果区域的宽度不足以容纳文本，将 WordWrap 设置为"选中"状态（或者在代码中设置为'on'），MATLAB 将对文本进行换行
	WordWrap	文字换行以适合组件宽度
	HorizontalAlignment	Text 文本的对齐方式，指定为'left'、'right'或'center'。对齐方式影响 App 用户编辑 Text 区域时文本的显示方式，还影响 MATLAB 在 App 中显示文本的方式
	VerticalAlignment	Text 文本的垂直对齐方式，指定为'center'、'top'或'bottom'，默认为'center'
字体和颜色	FontName	字体名称
	FontSize	字体大小
	FontWeight	字体粗细
	FontAngle	字体角度
	FontColor	字体颜色
	BackgroundColor	背景颜色
	VisitedColor	单击超链接地址后显示的颜色
交互性	Visible	可见性状态
	Enable	单击能否打开链接，指定为选中（'on'）或不选中（'off'）
	Tooltip	工具提示
	ContextMenu	上下文菜单
位置	Position	超链接相对于父级的位置和大小，指定为向量[left bottom width height]。其他性质同 Button
回调	HyperlinkClicked	单击超链接后执行的内容，一般为打开链接指向的网址
	CreateFcn	对象创建函数
	DeleteFcn	对象删除函数
回调执行控制	Interruptible	回调中断
	BusyAction	回调排队
父/子	HandleVisibility	对象句柄的可见性
标识符	Tag	对象标识符

3.19.2 示例：打开网站

创建 1 个超链接（Hyperlink）组件，用于打开 mathworks 主页。

具体步骤如下。

（1）设置布局和属性。在画布上布置 1 个超链接（Hyperlink）组件，调整其大小。在 URL 文本框中填写网址，在 Text 文本框中填写"MATLAB 主页"，将 HorizontalAlignment 设置为左右居中，将 VerticalAlignment 设置为上下居中，如图 3-81、图 3-82 所示。

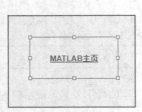

图 3-81　界面布局

图 3-82　属性设置

（2）运行程序。当鼠标单击"MATLAB 主页"时，系统调用默认浏览器自动打开网站主页，如图 3-83、图 3-84 所示。

图 3-83　单击组件

图 3-84　运行结果

3.20　综合实例：流体摩阻系数计算

在输气、输油、输水管道设计和运行中，都需要对摩阻系数进行计算。Colebrook-White 摩阻系数方程已经被 GERG 方程所替代。GERG 方程有以下特点：首先，其适应范围相当广，参数 n 的调整范围为 1～10；其次，它考虑到了以前的摩阻方程所没有考虑到的问题；最后，当 $n=10$ 时，GERG 方程与 AGA 实际测试结果较为吻合。

这里列 GERG 方程如下。

$$\frac{1}{\sqrt{\lambda}} = -\frac{2}{n}\log_{10}\left[\left(\frac{k/D}{3.71}\right)^n + \left(\frac{1.499}{f \cdot \mathrm{Re} \cdot \sqrt{\lambda}}\right)^{0.942 \cdot n \cdot f}\right]$$

式中，$f = \dfrac{\left(1/\sqrt{\lambda}\right)_f}{\left(1/\sqrt{\lambda}\right)_{f=1}}$；$\lambda$ 为 Darcy-Weisban 摩擦系数，无量纲量；k 为管道内壁粗糙度

（m）；D 为管道内径（m）；f 为阻力因子（等同于输送效率），无量纲量；n 为幂指数，描述从光滑管到粗糙管转变的剧烈程度；Re 为雷诺数，无量纲量。

$$Re = \frac{4}{\pi} \frac{Q}{D} \frac{\rho}{\mu} = \frac{\rho V D}{\mu}$$

式中，ρ 为流体的密度（kg/m^3），Q 为流量（m^3/s），V 为流体的流速（m/s），D 为管径大小（m），μ 为流体的动力粘度（Pa·s）。

在本例中，本例相关数据如表 3-23 所示。

表 3-23　　　　　　　　　　　　本例相关数据

参数	数值	单位
Q	46.296 296 3	m^3/s
V	92.103 555 03	m/s
ρ	6.121 293 972	kg/m^3
D	0.8	m
μ	1.108 62E-05	Pa·s
Re	4.068 42E+07	
T	21.6	℃
p	6.69	MPa

使用 App 组件计算并展示 n 从 1 到 10，摩阻系数的值如何变化。在软件中输入管径、流速、粗糙度，单击 Button 按钮，坐标区将绘制 n 从 1 到 10，所有摩阻系数的值。

具体步骤如下。

（1）设置布局和属性。

在画布上布置 1 个坐标区（UIAxes）、6 个数值编辑字段（EditField）、1 个超链接（Hyperlink）、1 个文本区域（TextArea）、1 个按钮（Button）组件、1 个上下文菜单（添加在坐标区，右键单击坐标区弹出图像，介绍 GERG 方程），更改组件名字，调整大小和布局，如图 3-85、图 3-86 所示。

提示　　在设置 6 个数值编辑字段（EditField）时，可以先完成一个设置，然后复制、粘贴 5 次，这样可以减少设置工作量。本例对编辑字段进行了 Value 值初始指定，将 Limits 设置为[0,Inf]，将 ValueDisplayFormat 设置为[%11.6e]，采用科学计数法并保留小数点后 6 位数字后，将 Horizontal Alignment 设置为居中，如图 3-87 所示。

（2）添加回调函数，进入代码视图，编写回调代码，实现相关功能。

① 添加 startupFcn 回调函数，使文本区域的标签显示 f_n 的 LaTeX 格式，代码如图 3-88 所示。

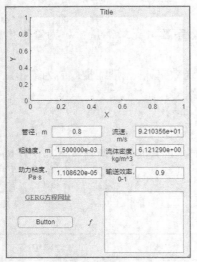

图 3-85　布局

图 3-86　组件浏览

图 3-87　属性设置

```
% Code that executes after component creation
function startupFcn(app)
    % 将文本区域的标签的Interpreter设置为"latex"
    app.fLabel.Interpreter = 'latex';
    %使标签显示fn
    app.fLabel.Text = {'$${f_{n}}$$'};
end
```

图 3-88　编写代码

② 添加上下文菜单的回调函数，使弹出的新窗口中的标签区域显示 GERG 摩阻系数方程的 LaTeX 格式及其说明，代码如图 3-89 所示。

```
% Menu selected function: GERG_Friction_Factor_Equation
function GERG_Friction_Factor_EquationSelected(app, event)
    % 新建一个UI窗口
    fig = uifigure;
    % 在UI窗口中建立一个标签
    lbl = uilabel(fig);
    % 设定标签在UI窗口中的位置和大小
    lbl.Position = [10 0 500 500]% [left bottom width height]
    % 将文字换行设置on
    lbl.WordWrap = 'on'
    % 将标签的Interpreter设置为"latex"
    lbl.Interpreter = 'latex';
    % 显示两组字符串，一组为GERG摩阻系数公式，一组为公式的说明文字
    str1 = ['$${1 \over {\sqrt \lambda }} = ' ...
        ' - {2 \over n}{\log _{10}}\left[ {{{\left( ' ...
        '{{{k/D} \over {3.71}} \right)}^n} + {{\left( {{{1.499} ' ...
        '\over {f \cdot {\mathop{\rm Re}\nolimits} \cdot \sqrt \lambda }}}' ...
        ' \right)}^{0.942 \cdot n \cdot f}}} \right]$$']
    str2 = ['λ为Darcy-Weisban摩擦系数，无量纲量；k为管道内壁粗糙度，m；' ...
        'D为管道内径，m；f为阻力因子（等同于输送效率），无量纲量；' ...
        'n为幂指数，描述从光滑管到粗糙管转变的剧烈程度；Re为雷诺数，无量纲量。']
    lbl.Text = {str1;str2}
end
```

图 3-89　编写代码

128

提示如下。

a．str1 中的 GERG 公式，可采用 MathType 编辑好，复制、粘贴到 MATLAB 的方法，具体见专题讨论"Tex 和 LaTeX 文本解释器"部分内容。

b．在 R2021a 中换行会出现多余的换行符"…"，可自行删除。

③ 添加 ButtonPushed 回调函数，实现单击按钮计算摩阻系数和绘图，代码如图 3-90 所示。

④ 添加 HyperlinkClicked 回调函数，实现单击界面的超链接，即可调用电脑浏览器打开网页，显示 GERG 方程相关信息，代码如图 3-91 所示。

```matlab
% Button pushed function: Button
function ButtonPushed(app, event)
    D = app.DEditField.Value;% 管径
    k = app.kEditField.Value;% 粗糙度
    V = app.VEditField.Value;% 流速
    u = app.uEditField.Value;% 动力粘度
    Ro = app.RoEditField.Value;%流体密度
    f = app.fEditField.Value;% 输送效率
    Re = Ro*V*D/u;% 雷诺数
    x1=[1:10].*0;% 预分配大小
    % 一次性求出当n=1~10时的10个摩阻系数值
    syms x
    for n=1:10
        y = 1./x.^0.5+2./n.*log10((k/D/3.71).^n+...
            (1.499/f/Re/x^0.5).^(0.942.*n.*f));
        x1(n) = vpasolve(y,x,[-inf inf]);
    end
    % 将十组摩阻系数数据转制为10×1的列向量
    % 将十个摩阻系数值转为字符串形式
    % 并设定为保留十位小数的科学计数法格式
    x=[num2str(x1(1:10)','%.10e')];
    % 将10组摩阻系数值显示在文本区域内
    app.fTextArea.Value = string(x);
    % 在坐标区画出n=[1:10]时的摩阻系数值构成的散点图
    plot(app.UIAxes,[1:10],x1,'b*');
end
```

图 3-90　计算和绘图代码

```matlab
% Callback function: Hyperlink
function HyperlinkClicked(app, event)
    app.Hyperlink.URL = 'https: ▓▓▓▓▓▓';
end
```

图 3-91　打开网页的代码

代码中的完整网址如下。

```
https://***/usercenter/paper/show?paperid=e3ef124364c751cdca30da64f0f4b9db&site=xueshu_se
```

（3）运行程序。

① 在坐标区单击右键，单击弹出的菜单，会弹出介绍 GERG 公式的窗口，如图 3-92、图 3-93 所示。

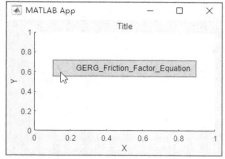

图 3-92　单击右键，弹出上下文菜单

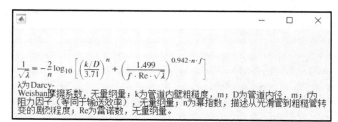

$$\frac{1}{\sqrt{\lambda}} = -\frac{2}{n}\log_{10}\left[\left(\frac{k/D}{3.71}\right)^n + \left(\frac{1.499}{f \cdot Re \cdot \sqrt{\lambda}}\right)^{0.942 \cdot n \cdot f}\right]$$

λ为Darcy-Weisban摩擦系数，无量纲量；k为管道内壁粗糙度，m；D为管道内径，m；f为阻力因子（等同于输送效率），无量纲量；n为幂指数，描述从光滑管到粗糙管转变的剧烈程度；Re为雷诺数，无量纲量。

图 3-93　上下文菜单运行

② 单击界面上的超链接，系统打开网址，如图 3-94、图 3-95 所示。

图 3-94 单击超链接　　　　　　　　　　　图 3-95 打开网址

③ 单击 Button 按钮，系统计算摩阻系数，并将其显示在文本区域中，绘制 $n=1\sim10$ 时的摩阻系数值构成的散点图，如图 3-96 所示。

图 3-96 单击 Button 后的结果

第 4 章　容器（Containers）组件

容器包含了网格布局管理器（GridLayout）、选项卡组（TabGroup）和面板（Panel）3 个组件，可以容纳 21 个常用组件，便于实现开发者对布局的需求。

4.1　网格布局管理器（GridLayout）

网格布局管理器沿一个不可见网格的行和列定位 UI 组件，该网格跨整个图窗或图窗中的一个容器。通过更改网格布局的属性值，可以修改其行为的某些方面。可以使用圆点表示法引用特定的对象和属性。

```
fig = uifigure;
g = uigridlayout(fig);
g.ColumnWidth = {100,'1x'};
```

4.1.1　GridLayout 对象的属性

GridLayout 对象的主要属性见表 4-1。

表 4-1　　　　　　　　　　　　　　　GridLayout 对象的主要属性

对象	属性	说明
表	ColumnWidth	列宽，指定为元胞数组，其中包含'fit'、数字或与'x'字符配对的数字。可以指定值的任意组合。元胞数组中的元素数量控制网格中的列数。例如，要创建四列网格，可指定一个 1×4 元胞数组。只有指定的元素类型相同（如["1x" "2x" "1x"]或[100 200 50]）时，列宽才能指定为字符串数组或数值数组。 有 3 种不同类型的列宽。 ①适应宽度：指定'fit'。列宽会自动调整以适应其内容。对于基于文本的组件，'fit'宽度根据字体属性进行调整，以显示整个文本。对于非基于文本的组件，'fit'宽度基于组件的默认大小和其他因素。如果要避免对列宽进行硬编码以适应组件，或如果 App 需要翻译成另一种语言或在不同平台上运行，可使用'fit'宽度。 ②固定宽度（以像素为单位）：指定一个数字。列宽固定为指定的像素数。在父容器调整大小时，列宽不变。 ③可变宽度：指定与'x'字符配对的数字（例如，'1x'）。当父容器调整大小时，列宽会增大或减小。可变宽度列填充等宽列不使用的其余水平空间。与'x'字符配对的数字是用于在所有可变宽度列中划分其余空间的权重。如果网格只有一个可变宽度列，则它将使用所有其余空间，而不管配对数字设置如何。如果有多个可变宽度列且

续表

对象	属性	说明
表	ColumnWidth	它们的配对数字相同，则它们会均匀地共享空间。在其他情况下，空间量与配对数字成正比。 例如，{'fit',200,'2x','1x'}指定第一列的宽度可调整，以适应其内容，第二列固定为 200 像素，最后两列共享剩余的水平空间，但第三列使用的空间是第四列的 2 倍。 更改布局的某些方面可能会影响此属性的值。例如，向已填满的网格添加更多组件会更改网格的大小以容纳新组件。 在已包含组件的网格布局上更改 ColumnWidth 属性，不会更改组件的布局。例如，如果尝试动态删除包含若干组件的列，则在将这些组件移出该列之前，ColumnWidth 属性不会更改
	RowHeight	行高
	ColumnSpacing	列间距，指定为网格中相邻列之间的标量像素数。指定的数字会应用于所有列
	RowSpacing	行间距，指定为网格中相邻行之间的标量像素数。指定的数字会应用于所有行
	Padding	围绕网格外围进行填充，指定为[left bottom right top]形式的向量
字体和颜色	BackgroundColor	背景颜色
交互性	Visible	子级的可见性
	Tooltip	工具提示
	Scrollable	滚动能力，指定为选中（'on'）或未选中（'off'）。将此属性设置为选中（'on'），可以在网格布局管理器内滚动。要进行滚动，还必须满足以下条件。 ①为网格布局管理器的 RowHeight 属性指定的值的总和必须大于父容器的高度。 ②为网格布局管理器的 ColumnWidth 属性指定的值的总和必须大于父容器的宽度。 ③网格布局管理器中有至少一行或一列必须设置为固定的像素高度或宽度。 ④网格布局管理器必须包含组件。 某些类型的图和坐标区不支持可滚动容器，但是可以将图或坐标区放在不可滚动的面板中，然后将该面板放在可滚动的容器中
	ContextMenu	上下文菜单

位置	Layout	该属性未在组件浏览器中显示。布局选项，指定为 GridLayoutOptions 对象。此属性指定嵌套网格布局容器的选项。如果网格布局不是另一个网格布局容器的子级（例如，它是图窗或面板的子级），则此属性为空且不起作用。但是，如果网格布局是另一个网格布局的子级，则可以通过设置 GridLayoutOptions 对象上的 Row 和 Column 属性，将该子网格放在父网格的所需行和列中。
		例如，以下代码在 grid1 的第三行第二列上嵌套 grid2。
		grid1=uigridlayout([4 3]);
		grid2=uigridlayout(grid1);
		grid2.Layout.Row=3;
		grid2.Layout.Column=2;

续表

对象	属性	说明
位置	Layout	要使子网格跨其父网格的多个行或列，可将 Row 或 Column 属性指定为二元素向量。例如，此命令使 grid2 跨 grid1 的第二列到第三列。grid2.Layout.Column=[2 3];
回调	CreateFcn	对象创建函数
	DeleteFcn	对象删除函数
回调执行控制	Interruptible	回调中断
	BusyAction	回调排队
父/子	HandleVisibility	对象句柄的可见性
标识符	Tag	对象标识符

4.1.2 示例：网格实现组件布局

通过向画布拖曳来创建 1 个下拉框组件、2 个滑块、1 个按钮和 1 个坐标区。当选定 2 个滑块的值（2 个滑块的值不能相同）后，鼠标单击按钮，在坐标区绘制三角函数图形。最后添加网格布局组件用于布置各组件。

具体步骤如下。

（1）将下拉框（DropDown）的 Text 值改为"选择函数"，Items 值改为 4 个行向量"sin、cos、tan、cot"；创建 2 个滑块（Slider）用于选择 x 的作图范围，将 Text 值修改为"x1、x2"，将 2 个滑块的值（Value）分别设为-5 和 5；添加一个坐标区（UIAxes），将标签选项的 Title.String 值修改为"三角函数图形绘制"。布局如图 4-1 所示。

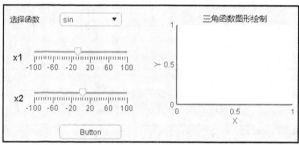

图 4-1 布局

（2）添加回调函数，进入回调代码编辑界面。右键单击"确认"按钮，添加 ButtonPushed 回调代码，如图 4-2 所示。

（3）添加网格布局（GridLayout）组件，各组件将自动进入网格布局组件中。系统会给出如图 4-3 所示的提示。

效果如图 4-4 所示。

（4）编辑网格大小和各组件位置。

此时可以根据情况删除或添加网格，或者更改网格大小，下面将删除网格第 2 列。单击画布左上角的图标，进入编辑模式，选中第 2 列，将"加权"改为 0，此时第 2 列消失，如图 4-5 所示。

```
% Button pushed function: Button
function ButtonPushed(app, event)
    a=min(app.x1Slider.Value,app.x2Slider.Value);
    b=max(app.x1Slider.Value,app.x2Slider.Value);
    if app.DropDown.Value=='sin'
        x=a:0.1:b;
        plot(app.UIAxes,sin(x));
        title(app.UIAxes, ['三角函数图形绘制: ','sin(x)'])
    elseif app.DropDown.Value=='cos'
        x=a:0.1:b;
        plot(app.UIAxes,cos(x));
        title(app.UIAxes, ['三角函数图形绘制: ','cos(x)'])
    elseif app.DropDown.Value=='tan'
        x=a:0.1:b;
        plot(app.UIAxes,tan(x));
        title(app.UIAxes, ['三角函数图形绘制: ','tan(x)'])
    elseif app.DropDown.Value=='cot'
        x=a:0.1:b;
        plot(app.UIAxes,cot(x));
        title(app.UIAxes, ['三角函数图形绘制: ','cot(x)'])
    end
end
```

图 4-2　代码

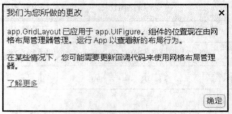

图 4-3　系统提示

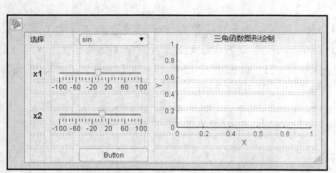

图 4-4　布局效果

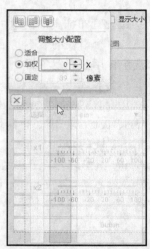

图 4-5　删除第 2 列

单击左上角⊠关闭按钮，退出编辑模式。此时系统自动调整了布局，如图 4-6 所示。

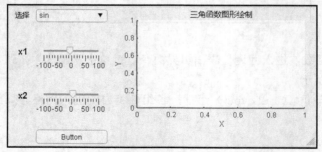

图 4-6　布局效果

显然，坐标区图形范围变大了。如果要将坐标区左右宽度变窄，单击画布左上角图标，进入编辑模式，选中坐标区所在列，将"固定"改为 270，如图 4-7 所示。

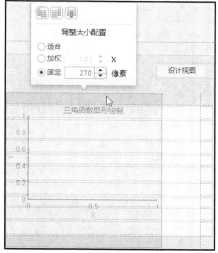

图 4-7　调整宽度

单击左上角⊠关闭按钮，退出编辑模式。此时系统将自动调整布局，如图 4-8 所示。

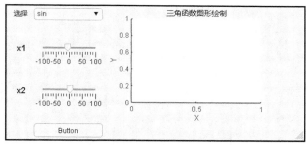

图 4-8　布局效果

可以用鼠标左键调整画布大小，此时，各组件自动适应画布大小至画布边界。也可以通过增加顶部行和下部行来调整边界，使布局更美观。此时发现，滑块（Slider）数值太小，显示效果不明显，在"组件浏览器"中选择滑块，将 Limits 值修改为 [−10，10]。调整后如图 4-9 所示。

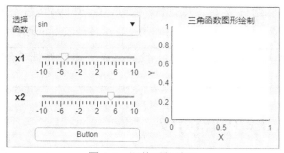

图 4-9　调整后的效果

（5）运行程序，如图 4-10 所示。

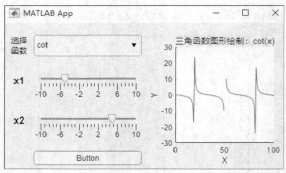

图 4-10　运行程序

放大界面，各组件将根据画布进行缩放。由于画图区采用的是固定像素，故图形左右宽度不变，上下长度将会变化，如图 4-11 所示。

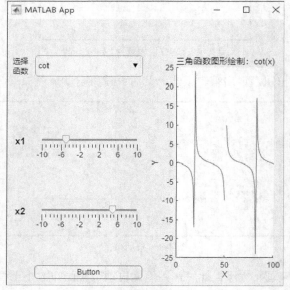

图 4-11　放大界面

当然，所有组件所在的的行和列可以全部选择"适合"。可见 GridLayout 容器对于调整组件布局具有一定作用，但是当组件较多、大小不一致时，GridLayout 将不太适用。如果放大、缩小或者拉伸、缩短窗口要求各组件随着变化，则使用该容器是较好的选择。

提示　运行后，把界面缩短到小于画布设计阶段的大小，各组件将不会随之变小，而是会显示不出来。

4.2　选项卡组（TabGroup）

选项卡组是用来对选项卡进行分组和管理的容器。可通过属性控制选项卡组的外观和行为。可以使用圆点表示法引用特定的对象和属性。

```
fig = uifigure;
```

```
tg =uitabgroup(fig);

tg.Position = [20 20 200 200];
```

此处列出的属性对 App Designer 中的或使用 uifigure 函数创建的 App 中的选项卡组有效。

4.2.1　TabGroup 对象的属性

TabGroup 对象的主要属性见表 4-2。

表 4-2　　　　　　　　　　　TabGroup 对象的主要属性

对象	属性	说明
选项卡	TabLocation	选项卡标签位置，指定为'top'、'bottom'、'left'或'right'。此属性指定选项卡标签相对于选项卡组的位置
	SelectedTab	该属性未在 AppDesigner 检查器中显示。当前选择的选项卡，指定为 Tab 对象。使用此属性可确定选项卡组中当前选定的选项卡，也可以使用此属性设置默认选项卡选项。SelectedTab 属性的默认值是添加到 TabGroup 中的第一个 Tab
交互性	Visible	可见性状态
	Tooltip	工具提示
	ContextMenu	上下文菜单
位置	Position	选项卡组的位置和大小
	AutoResizeChildren	自动调整子组件的大小
回调	SelectionChangedFcn	所选内容改变时的回调
	SizeChangedFcn	更改大小时执行的回调
	ButtonPushedFcn	按下鼠标按键回调函数
	CreateFcn	对象创建函数
	DeleteFcn	对象删除函数
回调执行控制	Interruptible	回调中断
	BusyAction	回调排队
父/子	Children	TabGroup 的子级，以空 GraphicsPlaceholder 或 Tab 对象的一维数组形式返回。 不能使用 TabGroup 的 Children 属性添加或删除选项卡。可以使用该属性查看选项卡列表或对选项卡重新排序。Tab 对象在该数组中的顺序反映了显示在屏幕上的选项卡的顺序。 要向该列表中添加子级，可将 Tab 对象的 Parent 属性设置为 TabGroup 对象
	HandleVisibility	对象句柄的可见性
标识符	Tag	对象标识符

4.2.2 示例：不同选项卡之间的数据和图像交互

创建 1 个选项卡组等组件，用于根据用户输入的数据进行三角函数图形绘制。

具体步骤如下。

（1）设置布局和属性。在画布上布置 1 个选项卡组（TabGroup）组件，在 Tab 中放置 3 个下拉框（DropDown）组件，并分别修改 Value 值为"sin、cos、tan、cot"和"+、−、*、/"；添加 2 个滑块（Slider）并分别修改标签为"x1、x2"，Value 值为−5 和 5，添加 1 个按钮（PushButton）组件。单击 Tab2，在 Tab2 中放置坐标区（UIAxes）组件。调整各组件在画布中的位置和大小，布局如图 4-12 所示。

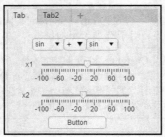 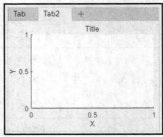

图 4-12　布局

（2）添加回调函数，进入回调代码编辑界面。右键单击"确认"按钮，添加 ButtonPushed 回调代码，如图 4-13 所示。

```matlab
% Button pushed function: Button
function ButtonPushed(app, event)
    a = min(app.x1Slider.Value,app.x2Slider.Value);
    b = max(app.x1Slider.Value,app.x2Slider.Value);
    if app.DropDown_2.Value =='sin'
        if app.DropDown_3.Value =='sin'
            if app.DropDown.Value =='+'
                x=a:0.1:b;
                plot(app.UIAxes,sin(x)+sin(x));
            elseif  app.DropDown.Value =='-'
                msgbox("不画图，没意义")
            elseif  app.DropDown.Value =='*'
                x=a:0.1:b;
                plot(app.UIAxes,sin(x).*sin(x));
            elseif  app.DropDown.Value =='/'
                msgbox("不画图，没意义")
            end
        elseif app.DropDown_3.Value =='cos'
            if app.DropDown.Value =='+'
                x=a:0.1:b;
                plot(app.UIAxes,sin(x)+sin(x));
            elseif  app.DropDown.Value =='-'
                x=a:0.1:b;
                plot(app.UIAxes,sin(x)-cos(x));
            elseif  app.DropDown.Value =='*'
                x=a:0.1:b;
                plot(app.UIAxes,sin(x).*cos(x));
            elseif  app.DropDown.Value =='/'
                x=a:0.1:b;
                plot(app.UIAxes,sin(x)./cos(x));
            end
        end
    end
    app.TabGroup.SelectedTab = app.Tab2;
end
```

图 4-13　添加 ButtonPushed 回调代码

为举例方便，此处只添加了部分代码。

（3）运行程序。当选择第 1 个下拉框为"sin"，第 2 个下拉框为"+"，第 3 个下拉框为"cos"，2 个滑块值不相等时，单击"Button"按钮，运行程序，系统将自动切换到 Tab2 查看画图结果，如图 4-14 所示。

单击"Button"按钮后自动切换到 Tab2 查看绘图结果的代码，即代码最后一句。

```
app.TabGroup.SelectedTab = app.Tab2;
```

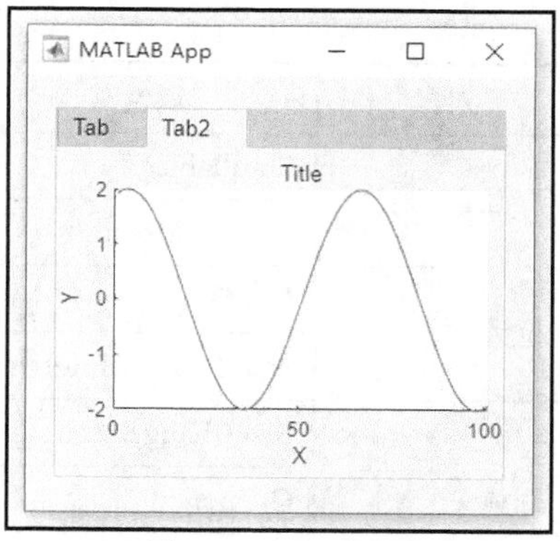

图 4-14　运行程序

4.3　面板（Panel）

面板是用于将 UI 组件分组在一起的容器。可通过属性控制面板的外观和行为。可以使用圆点表示法引用特定的对象和属性。

```
fig = uifigure;

p = uipanel('Parent',fig);

p.Title = 'Display Options';
```

此处列出的属性对于 App Designer 中的或使用 uifigure 函数创建的 App 中的面板有效。

4.3.1　Panel 对象的属性

Panel 对象的主要属性见表 4-3。

表 4-3　　　　　　　　　　　　Panel 对象的主要属性

对象	属性	说明
标题	Title	标题 MATLAB 不会将竖线('|')字符解释为换行符，它在标题中显示为竖线。如果要指定 Unicode 字符，需将 Unicode 十进制码传递到 char 函数。例如，['Multiples of ' char(960)]显示为 Multiples ofπ
	TitlePosition	标题的位置
颜色和样式	ForegroundColor	标题颜色
	BackgroundColor	背景颜色
	BorderType	面板边框，指定为'line'或'none'
字体	FontName	字体名称
	FontSize	字体大小
	FontWeight	字体粗细
	FontAngle	字体角度
交互性	Visible	可见性状态
	Enable	工作状态
	Tooltip	工具提示

对象	属性	说明
交互性	Scrollable	滚动能力
	ContextMenu	上下文菜单
位置	Position	面板的位置和大小
	AutoResizeChildren	自动调整子组件的大小
回调	SizeChangedFcn	更改大小时执行的回调
	CreateFcn	对象创建函数
	DeleteFcn	对象删除函数
回调执行控制	Interruptible	回调中断
	BusyAction	回调排队
父/子	Children-Panel	该属性未在 App Designer 检查器中显示。Panel 的子级对象，以空 GraphicsPlaceholder 或组件对象的一维数组形式返回。Panel 的子级可以是任何组件对象，包括另一个 Panel。 不能使用 Children 属性添加或删除子组件。使用该属性查看子级列表或对子级重新排序。子对象在该数组中的顺序反映了组件在屏幕上的前后堆叠顺序。 要向该列表中添加子对象，可将子对象的 Parent 属性设置为 Panel 对象
	HandleVisibility	对象句柄的可见性删除状态
标识符	Tag	图形对象的类型，以'uipanel'形式返回

4.3.2 示例：疫情期间回乡人员信息登记

创建 1 个面板（Panel）组件，用于填写和选择相关人员数据，核对回乡人员登记信息，并在文本框中显示。面板布局如图 4-15 所示。

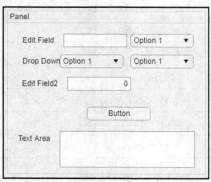

图 4-15 布局

具体步骤如下。

（1）设置布局和属性。在画布上布置 1 个 Panel 组件，将其 Title 值修改为"回乡登记"。添加文本编辑字段（EditField）组件，选中"Edit Field"并双击，然后将 Text 值修改为"姓名"，

Value 值修改为"张三"；添加数值编辑字段（EditField）组件，选中"Edit Field"并双击，然后将 Text 值修改为"手机号码"，Value 值修改为"15611100638"，将属性值修改为显示 11 位数字，如图 4-16 所示。

　　添加下拉框（DropDown）组件，并将 Items 值修改为"男、女"，使用 Enter 键使其分两行显示；同样再增加两个下拉框（DropDown）组件，分别添加各个省、自治区、直辖市及下一级城市或区县的名字，可采用直接粘贴列向量到 Items 中的方式，在代码视图中复制自动产生的代码，将其粘贴到正在编辑的代码中。代码如图 4-17 所示。

图 4-16　属性设置

```
% Create DropDown_2
app.DropDown_2 = uidropdown(app.Panel);
app.DropDown_2.Items = {'北京市', '天津市',
app.DropDown_2.ValueChangedFcn = createCall
app.DropDown_2.Position = [56 203 132 22];
app.DropDown_2.Value = '北京市';

% Create DropDown_3
app.DropDown_3 = uidropdown(app.Panel);
app.DropDown_3.Items = {'东城区', '西城区',
app.DropDown_3.Position = [187 203 97 22];
app.DropDown_3.Value = '东城区';
```

图 4-17　代码

　　添加按钮（Button）并将 Text 属性值修改为"确认"；添加文本区域（TextArea）。调整各组件的大小，如图 4-18 所示。

　　（2）添加回调函数，进入回调代码编辑界面。进入代码视图，编写回调代码，实现相关功能。

　　① 右键单击"确认"按钮，添加 ButtonPushed 回调代码，如图 4-19 所示。

图 4-18　布局及属性设置

```
% Button pushed function: Button
function ButtonPushed(app, event)
    a=['姓    名: ' app.EditField.Value];
    b=['性    别: ' app.DropDown.Value];
    c=['家庭住址: ' app.DropDown_2.Value app.DropDown_3.Value];
    d=['手机号码: ' num2str(app.EditField_3.Value)];
    str=[a,10,b,10,c,10,d];
    app.TextArea.Value=str;
    app.Panel.Scrollable = 'on';
end
```

图 4-19　添加 ButtonPushed 回调代码

　　代码中使用方括号[]将字符串连接成一句话，每个字符串间加空格或者逗号，如矩阵行向量的操作。

　　② 右键单击下拉框组件"北京市"，添加 DropDown_2ValueChanged 回调函数，如图 4-20、图 4-21 所示。

　　以上代码为举例方便，没有添加所有城市。

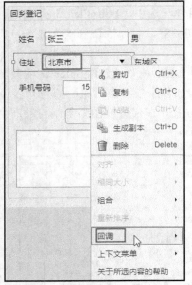

图 4-20　添加 DropDown_2ValueChanged 回调函数

```
% Value changed function: DropDown_2
function DropDown_2ValueChanged(app, event)
    value = app.DropDown_2.Value;
    if value=='北京市'
        app.DropDown_3.Items = {'东城区', '西城区',...
            '朝阳区', '丰台区', '石景山区', '海淀区',...
            '门头沟区', '房山区', '通州区', '顺义区',...
            '昌平区', '大兴区', '怀柔区', '平谷区',...
            '密云区', '延庆区', ''};
    elseif value=='天津市'
        app.DropDown_3.Items ={'和平区', '河东区',...
            '河西区', '南开区', '河北区', '红桥区',...
            '东丽区', '西青区', '津南区', '北辰区',...
            '武清区', '宝坻区', '滨海新区', '宁河区',...
            '静海区', '蓟州区', ''};
    elseif value=='河北省'
        app.DropDown_3.Items={'唐山市', '秦皇岛市',...
            '邯郸市', '邢台市', '保定市', '张家口市',...
            '承德市', '沧州市', '廊坊市', '衡水市', ''};
    end
end
```

图 4-21　代码

（3）运行程序。当选择住址为"天津市"，右侧下拉框的项将随之变为天津市各区的名字。选择"东丽区"，单击"确认"按钮，运行程序，如图 4-22 所示。

图 4-22　运行程序

4.4　综合实例：按揭摊销计算器

创建新的两栏式 App，它可自动调整其布局以适应不同屏幕大小。

此 App 显示如何使用数值编辑字段创建简单的按揭摊销计算器。其中包含下列组件，用于收集用户输入、计算每月付款额，以及绘制一段时间中的本金和利息金额图。

数值编辑字段：允许用户输入贷款金额、利率和贷款期限的值。MATLAB 会自动检查以确保值为数值并且处于 App 指定的范围内。第 4 个数值编辑字段显示基于输入值得出的每月付款金额。

普通按钮：执行回调函数以计算每月付款值。

坐标区：用于绘制图形。

具体步骤如下。

（1）打开 App Designer，单击"新建"，在弹出窗口中选择"设计 App"，然后在新弹出的界面中的"新建"一栏选择"可自动调整布局的两栏式 App"，如图 4-23 所示。

（2）向左面板（LeftPanel）拖放一个

图 4-23　选择模型

数值编辑字段组件，选中 Text，将其拖至输入框上方，在"组件浏览器"下方"检查器"中的"文本"选项卡中选择"Horizontal Alignment"的"居中"图标。调整完之后，复制并粘贴 3 个这样的数值编辑字段组件。选中这 4 个 EditField 组件，此时菜单栏会自动出现"画布"选项卡，选择"居中对齐"图标，选择间距为"18"，然后单击"垂直应用"图标，修改各 EditField 组件的 Text 内容。添加 Button 组件。在右面板中添加坐标区组件（UIAxes），如图 4-24 所示。

> **提示** 在设置 EditField 组件中的数值显示格式时，可以选中"ValueDisplayFormat"后的 3 个点图标，在弹出菜单中选择"整数"，如图 4-25 所示。

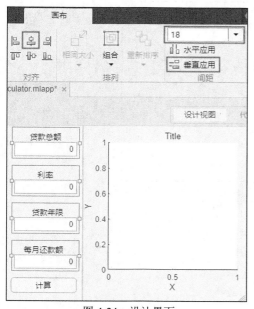

图 4-24　设计界面

图 4-25　设置属性

（3）添加回调函数，进入代码视图，编写回调代码，实现相关功能，如图 4-26 所示。

```
% Button pushed function: Button
function ButtonPushed(app, event)
    % 计算每月支付的金额
    amount = app.LoanAmountEditField.Value;
    rate = app.InterestRateEditField.Value/12/100;
    nper = 12*app.LoanPeriodYearsEditField.Value;
    payment = (amount*rate)/(1-(1+rate)^-nper);
    app.MonthlyPaymentEditField.Value = payment;

    % 预分配和初始化变量
    interest = zeros(1,nper);%利息
    principal = zeros(1,nper);%本金
    balance = zeros (1,nper);%结余

    balance(1) = amount;

    % 计算一段时间内的本金和利息
    for i = 1:nper
        interest(i)  = balance(i)*rate;
        principal(i) = payment - interest(i);
        balance(i+1) = balance(i) - principal(i);
    end

    % 绘制本金和利息图
    plot(app.UIAxes,(1:nper)',principal, ...
        (1:nper)',interest);
    legend(app.UIAxes,{'Principal','Interest'},'Location','Best')
    xlim(app.UIAxes,[0 nper]);
end
```

图 4-26　编写代码

（4）运行程序。可以通过按 F5 键、单击"编辑器"栏或者顶部"自定义快速访问工具栏"的"运行"图标来运行程序。调整界面大小，以较好地呈现图形，如图 4-27 所示。

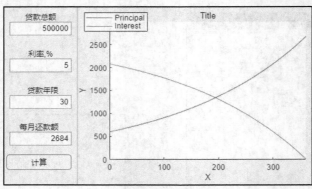

图 4-27　运行程序

第 5 章　图窗工具（Figure Tools）组件

图窗工具包括上下文菜单（ContextMenu）、工具栏（Toolbar）和菜单栏（Menu）3 个组件，可以通过这 3 个组件进行相应的命令操作，使用户有更好的交互体验。

5.1　上下文菜单（ContextMenu）

上下文菜单是当右键单击图形对象或 UI 组件时出现的菜单。使用 uicontextmenu 函数创建上下文菜单并设置属性。通过更改属性值，可以修改上下文菜单的外观和行为。可以使用圆点表示法引用特定上下文菜单对象和属性。可以使用 uifigure 或 figure 函数创建的图窗作为上下文菜单的父级。

```
fig = uifigure;
cm = uicontextmenu(fig);
m = uimenu(cm,'Text','Go To File');
fig.ContextMenu = cm;
```

5.1.1　ContextMenu 对象的属性

ContextMenu 对象的主要属性见表 5-1。

表 5-1　　　　　　　　　　　　　ContextMenu 对象的主要属性

对象	属性	说明
回调	ContextMenuOpeningFcn	上下文菜单打开回调函数
	CreateFcn	对象创建函数
回调执行控制	Interruptible	回调中断
	BusyAction	回调排队
父/子	Children	该属性未在 App Designer 检查器中显示。上下文菜单子级，以空的 GraphicsPlaceholder 或 Menu 对象的向量形式返回。不能使用 Children 属性添加或删除子级，可以使用此属性查看子级列表或对子菜单项重新排序。子级在此数组中的顺序与菜单项在打开的上下文菜单中出现的顺序相反
	HandleVisibility	对象句柄的可见性
标识符	Tag	对象标识符，指定为字符向量或字符串标量。可以指定唯一的 Tag 值作为对象的标识符。如果需要访问代码中其他位置的对象，可以使用 findobj 函数基于 Tag 值搜索对象

考虑到兼容性问题，需注意以下几点。

（1）不推荐使用 ContextMenu 对象的 Callback 属性。

从 MATLAB R2020a 开始，不推荐使用 ContextMenu 对象的 Callback 属性，可改用 Context Menu 对象的 ContextMenuOpeningFcn 属性，两者的属性值是相同的。

目前 MATLAB 开发者并不打算停止支持 ContextMenu 对象的 Callback 属性，但是此属性将不再出现在对 ContextMenu 对象调用 get 函数时所返回的列表中。

（2）不推荐使用 ContextMenu 对象的 Visible 和 Position 属性。

从 MATLAB R2020a 开始，不推荐使用 Visible 和 Position 属性来配置在特定位置打开的上下文菜单。在使用 uifigure 函数创建的 App 中，可改用 open 函数。

当前 MATLAB 开发者并不打算停止支持 ContextMenu 对象的 Visible 和 Position 属性，但是这些属性将不再出现在对 ContextMenu 对象调用 get 函数时所返回的列表中。

5.1.2　示例：右键菜单绘制三角函数

创建 1 个坐标区（UIAxes）组件和 1 个上下文菜单（ContextMenu），用于实现右键菜单绘制三角函数。

具体步骤如下。

（1）向画布上拖曳 1 个坐标区（UIAxes）组件和 1 个上下文菜单（ContextMenu）组件，如图 5-1 所示。

（2）双击"Menu"和"Menu2"，进入菜单编辑状态，如图 5-2 所示。

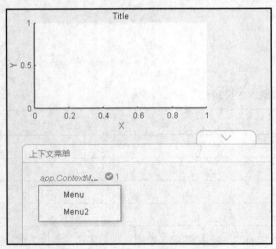

图 5-1　向画布上拖曳组件

图 5-2　菜单编辑状态

Menu 右边的加号用于添加下级菜单，Menu2 下面的加号用于添加同级菜单。右键单击"Menu2"，选择"删除"，删除该菜单，剩余 Menu。单击 Menu 右边的加号，添加一个下级菜单（Menu）；单击 Menu 下边的加号，增加菜单"Menu2、Menu3、Menu4"。双击第一级菜单"Menu"将 Text 值修改为"plot"，同样将下级菜单"Menu、Menu2、Menu3、Menu4"分别修改为"sin、cos、tan、cot"，如图 5-3～图 5-5 所示。

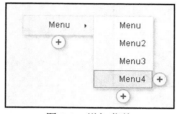

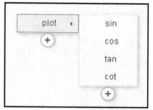

图 5-3　删除菜单　　　　图 5-4　增加菜单　　　　图 5-5　编辑菜单

（3）添加回调函数，进入回调代码编辑界面。单击"sin"，选择 MenuSelectedFcn 回调，添加回调函数，同样添加 cos、tan、cot 的回调函数。进入代码视图，编写回调代码，实现相关功能，如图 5-6、图 5-7 所示。

图 5-6　添加回调函数

```
% Callbacks that handle component events
methods (Access = private)

    % Menu selected function: sinMenu
    function sinMenuSelected(app, event)
        x=-5:0.1:5;
        plot(app.UIAxes,sin(x));
    end

    % Menu selected function: cosMenu
    function cosMenuSelected2(app, event)
        x=-5:0.1:5;
        plot(app.UIAxes,cos(x));
    end

    % Menu selected function: tanMenu
    function tanMenuSelected2(app, event)
        x=-5:0.1:5;
        plot(app.UIAxes,tan(x));
    end

    % Menu selected function: cotMenu
    function cotMenuSelected2(app, event)
        x=-5:0.1:5;
        plot(app.UIAxes,cot(x));
    end
end
```

图 5-7　编写回调代码

（4）运行程序。右键单击非坐标区域，将弹出菜单，选择"cot"，图形绘制如图 5-8、图 5-9 所示。

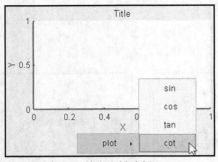

图 5-8　单击右键选择"cot"

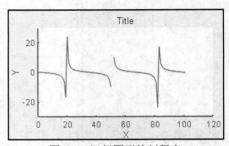

图 5-9　运行图形绘制程序

5.2　工具栏（Toolbar）

工具栏是图窗窗口顶部的水平按钮列表的容器。uitoolbar 函数能在图窗中创建一个工具栏，并在显示它之前设置任何必需属性。通过更改属性值，可以修改工具栏的外观和行为。可以使用圆点表示法引用特定的对象和属性。

```
tb = uitoolbar;
tb.Visible = 'off';
```

5.2.1　Toolbar 对象的属性

Toolbar 对象的主要属性见表 5-2。

表 5-2　　　　　　　　　　　　　　　　　Toolbar 对象的主要属性

对象	属性	说明
交互性	Visible	对象可见性状态
回调	CreateFcn	对象创建函数
	DeleteFcn	对象删除函数
回调执行控制	Interruptible	回调中断
	BusyAction	回调排队
父/子	Children	该属性未在 App Designer 检查器中显示。Toolbar 的子级，以空 GraphicsPlaceholder 或组件对象的一维数组形式返回。Toolbar 对象的子级是 PushTool 和 ToggleTool 对象。 不能使用 Children 属性添加或删除子级，可使用该属性查看子级列表或对子级重新排序。此数组中子级的顺序反映了工具在工具栏中从右到左的显示顺序，这意味着最右边的工具在列表的顶部，最左边的工具在列表的底部。例如，由 Children 属性返回的此工具顺序表示按钮工具出现在工具栏中切换工具的左侧。 toolOrder=tb.Children

续表

对象	属性	说明
父/子	Children	toolOrder = 　2×1 graphics array: 　ToggleTool 　PushTool 要向该列表中添加子级，可将子组件的 Parent 属性设置为 Toolbar 对象。 HandleVisibility 属性设置为'off'的对象不会列在 Children 属性中
	HandleVisibility	对象句柄的可见性，指定为'on'、'callback'或'off'。 此属性控制对象在其父级的子级列表中的可见性。当对象未显示在其父级的子级列表中时，通过搜索对象层次结构或查询属性来获取对象的函数不会返回该对象。这些函数包括 get、findobj、gca、gcf、gco、newplot、cla、clf 和 close。HandleVisibility 属性还控制对象句柄是否显示在父图窗的 CurrentObject 属性中，即使对象不可见也有效。如果可以访问某个对象，则可以设置和获取其属性，并将其传递给针对对象进行运算的任意函数。 ① 'on'：对象始终可见。 ② 'callback'：对象对于回调或回调调用的函数可见，但对于命令行调用的函数不可见。此选项阻止通过命令行访问对象，但允许回调函数访问它。 ③ 'off'：对象始终不可见。该选项用于防止另一函数无意中对 UI 进行更改。将 HandleVisibility 设置为'off'，可在执行该函数时暂时隐藏对象
标识符	Tag	对象标识符

5.2.2　示例：工具栏菜单绘制正弦函数

创建 1 个工具栏（Toolbar）组件和坐标区（UIAxes），用于实现工具栏控制坐标区图像。具体步骤如下。

（1）设置布局和属性。向画布上拖曳 1 个工具栏（ToolBar）组件和坐标区（UIAxes）组件，调整画布大小。单击加号旁边的"▾"按钮，选择"添加切换工具"，如图 5-10、图 5-11 所示。

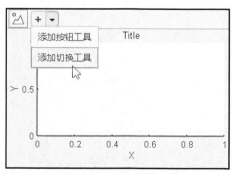

图 5-10　添加切换工具

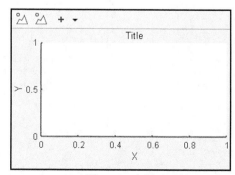

图 5-11　布局

（2）添加回调函数，进入回调代码编辑界面。右键单击"PushTool"按钮，在弹出菜单中选择"回调"→"添加 Clicked 回调"。右键单击"ToggleTool"，在弹出菜单中选择"回调"→"添加 On 回调"及"添加 Off 回调"，如图 5-12、图 5-13 所示。

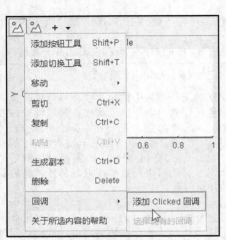

图 5-12　添加 Clicked 回调函数

图 5-13　添加 On 回调函数

（3）进入代码视图，分别在 PushToolClicked、ToggleToolOn、ToggleToolOff 函数中添加相应的回调代码，如图 5-14 所示。

```matlab
% Callbacks that handle component events
methods (Access = private)

    % Clicked callback: PushTool
    function PushToolClicked(app, event)
        x=-5:0.1:5;
        plot(app.UIAxes,sin(x));
    end

    % On callback: ToggleTool
    function ToggleToolOn(app, event)
        tt=app.ToggleTool;%获取ToggleTool句柄
        ttImage = zeros(16,16,3);%生成黑色的图片
        tt.Icon = ttImage;%将图片赋予ToggleTool图标
        x=-5:0.1:5;
        plot(app.UIAxes,cos(x));
    end

    % Off callback: ToggleTool
    function ToggleToolOff(app, event)
        tt=app.ToggleTool;
        ttImage(:,:,3) = ones(16);%生成蓝色的图片
        tt.Icon = ttImage;
        cla(app.UIAxes)%清空坐标区图像
    end
end
```

图 5-14　添加回调代码

（4）运行程序。可以通过按 F5 键、单击"编辑器"栏或者顶部"自定义快速访问工具栏"的"运行"图标来运行程序。单击第一个图标（PushTool）后，程序运行，在坐标区画出一

个正弦曲线。单击第二个图标（ToggleTool）后，ToggleToolOn 事件激活，程序运行，在坐标区画出一个余弦曲线；再次单击 ToggleTool 图标，ToggleToolOff 事件激活，程序运行，清空坐标区图像，如图 5-15～图 5-17 所示。

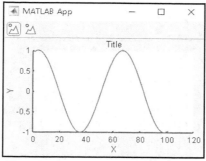

图 5-15　单击第一个图标，画正弦曲线

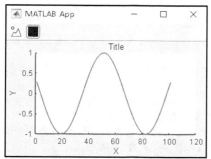

图 5-16　单击第二个图标，画余弦曲线

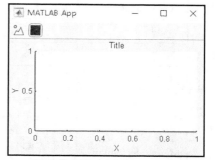

图 5-17　再次单击第二个图标，清空坐标区图像

5.3　菜单（Menu）

单击 App 窗口顶部的菜单会显示下拉列表。调用 uimenu 函数创建一个菜单，或者在现有菜单中添加一个子菜单。通过属性控制菜单的外观和行为。可以使用圆点表示法引用特定的对象和属性。

```
fig = uifigure;
m = uimenu(fig);
m.Text = 'Open Selection';
```

此处列出的属性对于 App Designer 中的菜单或使用 uifigure 函数创建的 App 中的菜单有效。

5.3.1　Menu 对象的属性

Menu 对象的主要属性见表 5-3。

表 5-3		Menu 对象的主要属性
对象	属性	说明
菜单	Text	菜单标签，指定为字符向量或字符串标量。此属性指定显示在菜单（或菜单项）上的标签。 避免使用以下区分大小写的保留字："default""remove"和"factory"。如果必须使用保留字，可在单词前面添加一个反斜杠字符。例如，将"default"改为为'\default'。 可以在标签文本中使用"与"（&）字符来指定助记键盘快捷方式（Alt+mnemonic）。按下 Alt 键时，"与"符号后的字符在菜单中将带下划线显示。可以通过按住 Alt 键并键入显示的字符来选择菜单项。 要使用助记键，必须为在 App 中定义的所有菜单和菜单项指定助记键。如果只为部分菜单或菜单项定义助记键，按 Alt 键不会有任何效果。 下面是一些示例。 文本输入：'&Open Selection'，显示：<u>O</u>pen Selection。 文本输入：'O&pen Selection'，显示：O<u>p</u>en Selection。 文本输入：'&Save && Go'，显示：<u>S</u>ave && Go
	ForegroundColor	菜单标签颜色
交互性	Visible	可见性状态
	Editable	工作状态
	Tooltip	工具提示
回调	MenuSelectedFcn	选定菜单时触发的回调，此回调根据菜单项的位置和交互类型进行响应。 ①左键单击菜单将展开该菜单并触发其回调。 ②当任一菜单处于展开状态时，如果将光标悬停在其他任何父级菜单（或顶级菜单）上，将会展开该菜单并触发其回调。 注意：请勿使用回调动态更改菜单项。在回调中删除、添加和替换菜单项，可能会生成空菜单。此时，可以使用 Visible 属性隐藏或显示菜单项，还可以通过设置 Enable 属性来启用和禁用菜单项。要重新填充菜单项，可在回调外删除这些菜单项并重新创建
	CreateFcn	对象创建函数
	DeleteFcn	对象删除函数
回调执行控制	Interruptible	回调中断
	BusyAction	回调排队
父/子	Parent	该属性未在 App Designer 检查器中显示。父对象指定为使用 uifigure 函数创建的 Figure 对象、另一个 Menu 对象或 ContextMenu 对象。可以将菜单项移动到其他窗口，或者通过设置此属性将其移动到其他菜单下。将父容器指定为一个现有 Menu 对象，以将菜单项添加到菜单，或者嵌套菜单项
	Children	该属性未在 App Designer 检查器中显示。菜单的子级返回空的 GraphicsPlaceholder 或一维的 Menu 对象数组。 不能使用 Children 属性添加或删除子组件，但可以使用此属性查看子级列表或对子菜单项重新排序。 要向此列表添加子菜单，可将另一个 Menu 对象的 Parent 属性设置为此 Menu 对象

续表

对象	属性	说明
父/子	HandleVisibility	对象句柄的可见性
标识符	Tag	对象标识符

5.3.2　示例：菜单实现打开文件、保存文件、绘制图像等功能

创建 1 个菜单（Menu）、1 个坐标区（UIAxes）、1 个文本区域（TextArea）组件，当单击菜单栏"File"选项卡时，下拉菜单出现 Open、SaveAll、SavePic、SaveText 等选项。单击"Open"，系统弹出"打开"窗口，可以读取 TXT 文件并将内容显示在文本区域（TextArea）组件中；单击"SaveAll"，系统弹出"保存"窗口，将整个 App 的运行界面作为图片保存至选中的文件夹；单击"SavePic"，系统将弹出"保存选项"窗口，用于保存文件；单击 SaveText，系统将弹出"保存"窗口保存文本区域（TextArea）的 Value 值，文本区域（TextArea）的 Value 值用于显示打开和保存的路径。当单击菜单栏"Plot"选项卡时，下拉菜单出现 sin 和 cos 等选项，单击"sin"在坐标区绘制正弦曲线，单击"cos"在坐标区绘制余弦曲线。

具体步骤如下。

（1）设置布局和属性。向画布上拖曳 1 个菜单栏（Menu）、1 个坐标区（UIAxes）、1 个文本区域（TextArea）组件，调整画布大小。选中 Menu，单击下面的加号，添加 4 个下级菜单。双击 Menu，将 Text 值改为"File"，将 4 个下级菜单的 Text 值修改为"Open、SaveAll、SavePic、SaveText"。用同样的方法设置 Menu2 的 Text 值为"Plot"，将 2 个下级菜单的 Text 值修改为"sin"和"cos"。将文本区域（TextArea）的标签文本改为"路径"，如图 5-18 所示。

（2）添加回调函数，进入回调代码编辑界面。右键单击"组件浏览器"→"app.Menu"→"回调"→"添加 startupFcn 回调"，右键单击"组件浏览器"→"app.OpenMenu"→"回调"→"添加 MenuSelectedFcn 回调"，并用同样的方法添加其他几个 Menu 的 MenuSelctedFcn 回调，如图 5-19 所示。

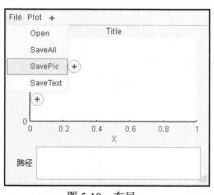

图 5-18　布局

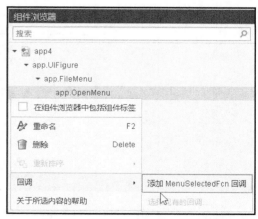

图 5-19　在设计视图下添加回调函数

（3）进入代码视图，分别在 startupFcn、OpenMenuSelected、SaveAllMenuSelected、

SavePicMenuSelected、SaveTextMenuSelected、sinMenuSelected、cosMenuSelected 函数中添加相应的回调代码，如图 5-20 所示。

```matlab
22    % Code that executes after component creation
23    function startupFcn(app)
24        % 启动程序自动执行以下内容
25        % 获取当前路径并显示在文本区域组件中
26        app.TextArea.Value = pwd;
27        % 绘制余切曲线图形并显示在坐标区中
28        x = -5:0.1:5; plot(app.UIAxes,cot(x));
29    end
30
31    % Menu selected function: OpenMenu
32    function OpenMenuSelected(app, event)
33        % 获取文件路径
34        [filename,path] = ...
35            uigetfile({'*.*'},'选择','选择文件')
36        str = [path '\' filename];% 打开文件或获得文件的ID
37        fileID = fopen(filename);
38        %文件读取器对象
39        fr = matlab.io.datastore.DsFileReader(str);
40        % 从文件中读取字节
41        C = read(fr,1000,'OutputType','char')
42        fclose(fileID);% 关闭文件
43        % 将字节赋值给文本区域组件的Value值
44        app.TextArea.Value = C;
45    end
```

```matlab
47    % Menu selected function: SaveAllMenu
48    function SaveAllMenuSelected(app, event)
49        % 通过用分号分隔 filter 输入参数中的每个文件扩展名,
50        % 在保存类型列表框中显示多个文件类型。
51        filter = {'*.jpg';'*.png';'*.tif'};
52        % 打开用于保存文件的对话框
53        % filename-用户指定的文件名
54        % filepath-用户指定的文件名的路径
55        [filename,filepath] = uiputfile(filter);
56        if ischar(filename)
57            % 以图像或 PDF 格式捕获 App
58            % 导出 flg 指定的图窗的内容,
59            % 并将其存储在 filename 指定的文件中。
60            % 必须使用 uifigure 函数
61            % 或 App Designer 来创建图窗。
62            % 捕获所有图形内容,包括 UI 组件。
63            % 支持的文件类型有 JPEG、PNG、TIFF 和 PDF。
64            exportapp(app.UIFigure,[filepath filename]);
65        end
66    end
```

```matlab
68    % Menu selected function: SavePicMenu
69    function SavePicMenuSelected(app, event)
70        filter = {'*.jpg';'*.png';'*.tif'};
71        [filename,filepath] = uiputfile(filter);
72        if ischar(filename)
73            % 将 obj 指定的图形对象的内容保存到文件中。
74            % 图形对象可以是任何类型的坐标区、图窗、独立可视化、
75            % 分块图布局或图窗内的容器。生成的图形经过紧密裁剪,
76            % 内容周围只留很窄的边距。
77            % 指定保存文件的其他选项。例如,
78            %exportgraphics(gca,'my.jpg','Resolution',300)
79            % 将当前坐标区的内容保存为 300-DPI 图像文件。
80            exportgraphics(app.UIAxes,...
81                [filepath filename],'Resolution',300)
82            app.TextArea.Value =[filepath filename];
83        end
84    end
```

图 5-20　添加相应的回调代码

```
86        % Menu selected function: SaveTextMenu
87   ⊟    function SaveTextMenuSelected(app, event)
88            %将文本内容转为字符串
89   -        str5 = string(app.TextArea.Value);
90   -        filter = {'*.txt';'*.m'};
91   -        [filename,filepath] = uiputfile(filter);
92   -        if ischar(filename)
93   -            str6='\';
94                %获得文件绝对路径
95   -            str7 = [filepath str6 filename];
96                %打开文件，如果没有则创建
97   -            fileID = fopen(str7,"w");
98                %写入文件
99   -            nbytes = fprintf(fileID,'%s\n',str5);
100  -            status = fclose(fileID);%关闭文件
101  -            app.TextArea.Value = [str7];
102  -        end
103  -    end
```

```
105       % Menu selected function: sinMenu
106  ⊟    function sinMenuSelected(app, event)
107  -        x = -5:0.1:5; plot(app.UIAxes,sin(x));
108  -    end
109
110       % Menu selected function: cosMenu
111  ⊟    function cosMenuSelected(app, event)
112  -        x = -5:0.1:5; plot(app.UIAxes,cos(x));
113  -    end
```

图 5-20　添加相应的回调代码（续）

提示　可以通过单击回调函数的名字并拖动它来调整各回调函数在代码视图中的位置，如图 5-21 所示。

（4）运行程序。可以通过按 F5 键、单击"编辑器"栏或者顶部"自定义快速访问工具栏"中的"运行"图标来运行程序。程序启动界面如 5-22 所示。

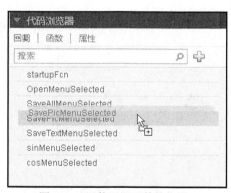

图 5-21　调整回调函数的位置

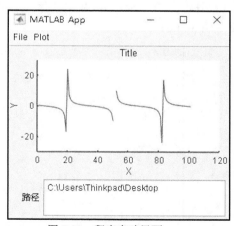

图 5-22　程序启动界面

单击"File"→"Open"，弹出"选择"对话框，选择一个文本文件，将其打开，如图 5-23、图 5-24 所示。

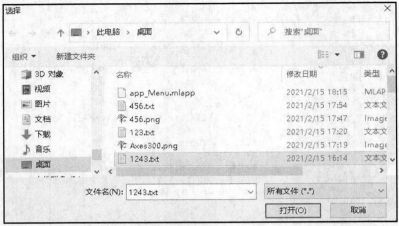

图 5-23　打开文件

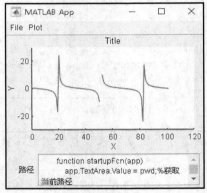

图 5-24　读取文件

单击"File"→"Save",弹出"保存"对话框,确定保存位置和文件名称,保存文件,如图 5-25~图 5-30 所示。

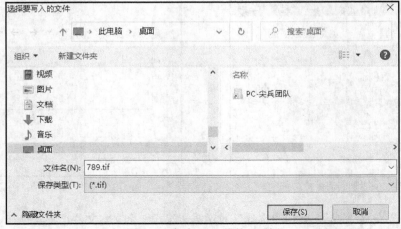

图 5-25　保存.tif 文件的对话框

图 5-26　保存.tif 文件

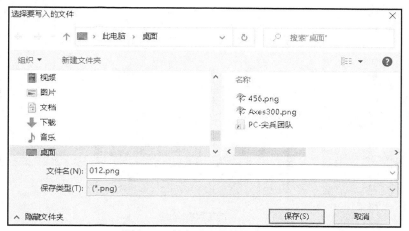

图 5-27　保存.png 文件的对话框

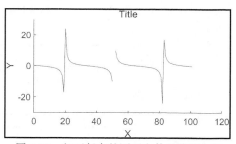

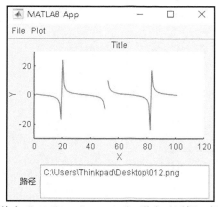

图 5-28　保存.png 文件　　　　图 5-29　打开保存的图形文件以验证内容

在文本框里输入文本，单击"File"→"SaveText"，保存文本，如图 5-31～图 5-34 所示。

图 5-30　单击"File"→"SavePic"，弹出对话框，保存文件

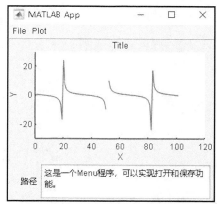

图 5-31　输入文本

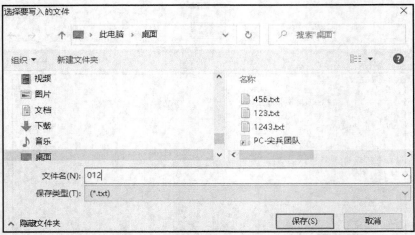

图 5-32　输入文件名，保存文本文件

图 5-33　保存文本

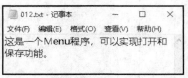

图 5-34　打开文本以验证内容

单击"Plot"→"sin"，程序运行情况如图 5-35 所示。

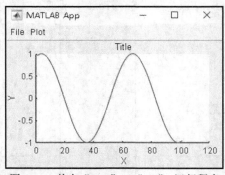

图 5-35　单击"Plot"→"sin"，运行程序

5.4　综合实例：方程求解器

　　编写一个方程求解器，在文本区域输入方程，可以通过菜单栏、工具栏、按钮等对方程进行绘图和求解。

本例显示如何使用菜单栏、工具栏等创建简单的方程求解器。该 App 包含下列组件，用于收集用户输入的内容、计算方程、绘制图形，以及保存图像。

菜单栏、工具栏：允许用户通过菜单栏进行求解和绘图。

文本编辑字段：允许用户输入方程。

文本区域：显示方程的解。

坐标区：用于绘制方程在一定自变量区域内的图形。

具体步骤如下。

（1）打开 App Designer，单击"新建"，在弹出窗口中选择"设计 App"，在新弹出的界面中选择"新建空白 app"。

（2）向画布上拖放 1 个菜单栏（Menu）、1 个工具栏（Toolbar）、1 个坐标区（UIAxes）、1 个编辑字段（EditField）和 1 个文本区域（TextArea）。

在菜单栏中添加 File 主菜单，包含 Solve、Plot 两个子菜单。选中"工具栏"图标，依次在"组件浏览器"下方单击"检查器"→"按钮工具"→"Icon"→"浏览"，选择图片作为图标；将文本编辑字段（EditField）的标签改为"方程"，Value 改为"x^2-4*x+4"；将文本区域（TextArea）的标签改为"x="，如图 5-36 所示。

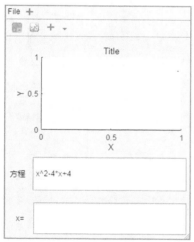 

图 5-36　设计界面

提示	MATLAB R2021a 之后的版本会自动根据文本区域的标签命名组件，如标签改为"x="，在组件浏览器中就会显示为 app.xTextArea，使用时应注意。本例将组件浏览器显示的名称改回了 app.TextArea。

（3）添加回调函数，进入代码视图，编写回调代码，实现相关功能。添加 SolveMenuSelected、PlotMenuSelected、SaveMenuSelected、PushToolSolveClicked、PushToolPlotClicked 回调，其中 PushToolSolveClicked、PushToolPlotClicked 和 SolveMenuSelected、PlotMenuSelected 代码一样，在此不重复显示。代码如图 5-37 所示。

（4）运行程序。可以通过按 F5 键、单击"编辑器"栏或者顶部"自定义快速访问工具栏"中的"运行"图标来运行程序，如图 5-38 所示。

```
% Callbacks that handle component events
methods (Access = private)

    % Menu selected function: SolveMenu
    function SolveMenuSelected(app, event)
        % 将文本编辑字段中的公式转化为符号方程
        y = str2sym(app.EditField.Value);
        % 求解方程
        x = vpasolve(y);
        % 将求解出的x值存入文本区域
        app.TextArea.Value = string(x);
    end

    % Menu selected function: PlotMenu
    function PlotMenuSelected(app, event)
        y =str2sym(app.EditField.Value)
        % 使用fplot函数绘图
        fplot(app.UIAxes,y,'b*')
        % 自动调整坐标区图形大小
        app.UIAxes.reset
    end

    % Menu selected function: SaveMenu
    function SaveMenuSelected(app, event)
        % 调用绘图函数, 避免保存空图像
        PushToolPlotClicked(app, event)
        filter = {'*.jpg';'*.png';'*.tif'};
        [filename,filepath] = uiputfile(filter);
        if ischar(filename)
            % 保存图像
            exportgraphics(app.UIAxes,[filepath filename]);
        end
    end
end
```

图 5-37 编写代码

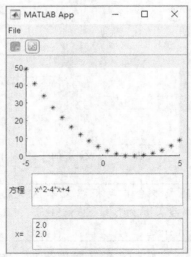

图 5-38 运行程序

第6章　仪器仪表（Instrumentation）组件

仪器仪表组件主要包含 10 个组件，见表 6-1。本章将借助实例，介绍每一个组件的属性和用法。

表 6-1　仪器仪表组件

序号	组件
1	圆形仪表（Gauge 或者 circularGauge）
2	半圆环形仪表（semicircular）
3	90 度仪表（NinetyDegreeGauge）
4	线性仪表（LinearGauge）
5	信号灯（Lamp）
6	分档旋钮（DiscreteKnob）
7	旋钮（Knob）
8	开关（Switch）
9	拨动开关（ToggleSwitch）
10	跷板开关（RockerSwitch）

6.1　圆形仪表（Gauge）、半圆环形仪表（Semicircular）、90 度仪表（NinetyDegreeGauge）、线性仪表（LinearGauge）

仪表包含圆形仪表（Gauge）、半圆环形仪表（Semicircular）、90 度仪表（NinetyDegree Gauge）和线性仪表（LinearGauge）4 个类型。仪表是表示测量仪器的 App 组件。可通过属性控制仪表的外观和行为。可以使用圆点表示法引用特定的对象和属性。

```
fig = uifigure;

g = uigauge(fig);

g.Value = 45;
```

6.1.1 Gauge 对象的属性

仪表对象的主要属性类似滑块，见表 6-2。

表 6-2 仪表对象的主要属性

对象	属性	说明
仪表	Value	仪表指针的位置，指定为任意数值。 如果指定的值小于 Limits 属性的最小值，则指针指向刻度外紧靠刻度开始处的位置。 如果指定的值大于 Limits 属性的最大值，则指针指向刻度外紧靠刻度结束处的位置。 更改 Limits 属性值不影响 Value 属性设置。 示例：60
	Limits	最小值和最大值
	Orientation	90 度仪表包含仪表的方向，指定为'northwest'、'northeast'、'southwest'、'southeast：◱◰◳◲。 半圆形仪表包含'north'、'south'、'west'、'east'：◖◗◐◑。 线性仪表包含'horizontal'或'vertical'：▭▯
	ScaleDirection	仪表标度的方向，指定为下列值之一。 ① 'clockwise'：刻度标记值沿顺时针增加◠。 ② 'counterclockwise'：刻度标记值沿逆时针增加◠
	ScaleColors	标度颜色
	ScaleColorLimits	色阶颜色范围
刻度	MajorTicks	主刻度线位置
	MajorTickLabels	主刻度标签
	MinorTicks	次刻度线位置
	MinorTicksMode	次刻度创建模式，指定为下列值之一。 ① 'auto'：由 MATLAB 决定次刻度的位置。MATLAB 不会为不在刻度范围内的主刻度生成次刻度。如果 Limits 属性值发生变化，MATLAB 将更新次刻度，以填充整个刻度范围（MinorTicks 属性也会相应更新）。 ② 'manual'：用户指定 MinorTicks 属性数值数组。MinorTicks 属性值不会自动更改大小或内容
	MajorTicksMode	主刻度创建模式
	MajorTickLabelsMode	主刻度标签模式
字体和颜色	FontName	字体名称
	FontSize	字体大小

续表

对象	属性	说明
字体和颜色	FontWeight	字体粗细
	FontAngle	字体角度
	FontColor	字体颜色
	BackgroundColor	背景颜色
交互性	Visible	可见性状态
	Enable	工作状态
	Tooltip	工具提示
	ContextMenu	上下文菜单
位置	Position	仪表相对于父容器的位置和大小
回调	CreateFcn	对象创建函数
	DeleteFcn	对象删除函数
回调执行控制	Interruptible	回调中断
	BusyAction	回调排队
父/子	HandleVisibility	对象句柄的可见性
标识符	Tag	对象标识符

6.1.2　示例：模拟汽车车速和冷却液温度

创建 1 个圆形仪表、90 度仪表、滑块组件，用于显示汽车车速和冷却液温度。

具体步骤如下。

（1）设置布局和属性。向画布上拖曳 1 个圆形仪表、90 度仪表、滑块组件，调整各组件的相对位置和大小，修改组件标签，设置各组件的 Limits 值，调整画布大小，如图 6-1 所示。

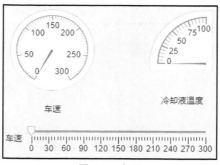

图 6-1　布局

（2）添加回调函数，进入回调代码编辑界面。右键单击"组件浏览器"→"app.Slider"，在弹出的菜单中选择"回调"→"添加 SliderValueChanging 回调"，如图 6-2 所示。

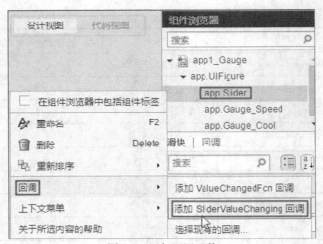
图 6-2　添加回调函数

（3）进入代码视图，在 SliderValueChanging 添加相应的回调代码，如图 6-3 所示。

```
34      % Value changing function: Slider
35      function SliderValueChanging(app, event)
36          changingValue = event.Value;
37          app.Gauge_Speed.Value = changingValue;
38          if changingValue<60
39              app.Gauge_Cool.Value = changingValue^0.9;
40          elseif changingValue < 100
41              app.Gauge_Cool.Value = changingValue^0.9;
42          elseif changingValue > 150
43              msgbox("开太猛了，慢点")
44          else
45              app.Gauge_Cool.Value = changingValue^0.8;
46          end
47      end
```
图 6-3　添加回调代码

（4）运行程序。可以通过按 F5 键、单击"编辑器"栏或者顶部"自定义快速访问工具栏"中的"运行"图标来运行程序。拉动滑块，当"车速"超过 150 时，系统会给出"开太猛了，慢点"的提示，如图 6-4 所示。

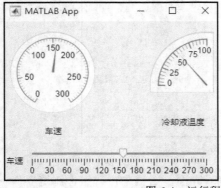
图 6-4　运行程序

6.2　信号灯（Lamp）

信号灯是通过颜色指示状态的 App 组件。可通过属性控制信号灯的外观和行为。可以使用圆点表示法引用特定的对象和属性。

```
fig = uifigure;

mylamp = uilamp(fig);

mylamp.Color = 'red';
```

6.2.1　Lamp 对象的属性

Lamp 对象的主要属性见表 6-3。

表 6-3　　　　　　　　　　　　Lamp 对象的主要属性

对象	属性	说明
颜色	Color	信号灯的颜色
交互性	Visible	可见性状态
	Enable	工作状态
	Tooltip	工具提示
	ContextMenu	上下文菜单
位置	Position	信号灯相对于父容器的位置和大小
回调	CreateFcn	对象创建函数
	DeleteFcn	对象删除函数
回调执行控制	Interruptible	回调中断
	BusyAction	回调排队
父/子	HandleVisibility	对象句柄的可见性
标识符	Tag	对象标识符

6.2.2　示例：模拟红绿灯

创建 3 个信号灯组件，用于模拟红绿灯。

具体步骤如下。

（1）设置布局和属性。向画布上拖曳 3 个信号灯组件和 1 个标签，将信号灯的标签值分别改为左转、直行、右转，颜色分别设为红色、黄色、绿色。在属性浏览器中，分别将 3 个信号灯的名字改为 Lamp1、Lamp2、Lamp3，将标签"Label"的 FontColor 设为红色，调整各组件的相对位置和大小，调整画布大小，布局如图 6-5 所示。保存程序名为 app1_Lamp。

（2）添加回调函数，进入回调代码编辑界面。右键单击"组件浏览器"→"app1_Lamp"，在弹出的菜单中选择"回调"→"添加 StartupFcn 回调"，如图 6-6 所示。

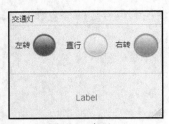

图 6-5　布局

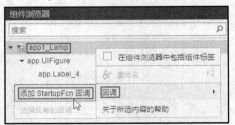

图 6-6　添加回调函数

（3）进入代码视图，在 startupFcn 添加相应的回调代码，如图 6-7 所示。

```
19        % Code that executes after component creation
20        function startupFcn(app)
21            app.Label_4.Text = "右转灯亮，右转车辆通行";
22            pause(10)
23            app.Lamp1.Color = [0 1 0];
24            app.Lamp3.Color = [1 1 0.07];
25            app.Lamp2.Color = [1 0 0];
26            app.Label_4.Text = "左转灯亮，左转车辆通行";
27            pause(10)
28            app.Lamp2.Color = [0 1 0];
29            app.Lamp1.Color = [1 1 0.07];
30            app.Lamp3.Color = [1 0 0];
31            app.Label_4.Text = "直行灯亮，直行车辆通行";
32        end
```

图 6-7　添加回调代码

（4）运行程序。可以通过按 F5 键、单击"编辑器"栏或者顶部"自定义快速访问工具栏"中的"运行"图标来运行程序。系统启动，下方标签提示"右转灯亮，右转车辆通行"；10 秒后，3 个信号灯颜色改变，提示"左转灯亮，左转车辆通行"；再过 10 秒，3 个信号灯颜色再次改变，提示"直行灯亮，直行车辆通行"，如图 6-8 所示。

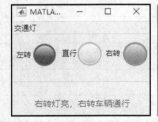

图 6-8　运行程序

6.3　分档旋钮（DiscreteKnob）

分档旋钮是一种 UI 组件，用于从一组分档中选择一个选项。通过更改属性值，可以修改分档旋钮的外观和行为。可以使用圆点表示法引用特定的对象和属性。

```
fig = uifigure;

k = uiknob(fig,'discrete');

k.Items = {'Freezing','Cold','Warm','Hot'};
```

6.3.1　Discrete Knob 对象的属性

Discrete Knob 对象的主要属性见表 6-4。

表 6-4　　　　　　　　　　　Discrete Knob 对象的主要属性

对象	属性	说明
旋钮	Value	旋钮的值，指定为数值。数值必须在为 Limits 指定的范围内
	Items	旋钮值选项，指定为字符向量元胞数组、字符串数组或一维分类数组。允许有重复的元素。选择后 Value 值将显示为该选中的值。默认为显示第一个值
	ItemsData	与 Items 属性值的每个元素关联的数据，指定为 1×n 数值数组或 1×n 元胞数组。可以在 ItemsData 值中指定重复的数组元素。 当 ItemsData 和 Items 中的数组元素数量不匹配时，有以下几种情况。 ① 如果 ItemsData 值为空，则所有 Items 元素都呈现给 App 用户。 ② 如果 ItemsData 值中的元素数大于 Items 值，则所有 Items 元素都呈现给 App 用户，MATLAB 将忽略多余的 ItemsData 元素。 ③ 如果 ItemsData 值中的元素数小于 Items 值（但大于零），只将具有对应 ItemsData 值的 Items 元素呈现给 App 用户。 示例：{'One' 'Two' 'Three'} 示例：{10 20 30 40}
字体和颜色	FontName	字体名称
	FontSize	字体大小
	FontWeight	字体粗细
	FontAngle	字体角度
	FontColor	字体颜色
交互性	Visible	可见性状态
	Enable	工作状态
	Tooltip	工具提示
	ContextMenu	上下文菜单
位置	Position	旋钮的位置和大小，不包括刻度线和标签，指定为向量[left bottom width height]。 ① left：父容器的内部左边缘与旋钮的外部左边缘之间的距离。 ② bottom：父容器的内部下边缘与旋钮的外部下边缘之间的距离。 ③ width：旋钮的左右外部边缘之间的距离，不包括刻度线和标签。 ④ height：旋钮的上下外部边缘之间的距离，不包括刻度线和标签。

对象	属性	说明
位置	Position	所有测量值都以像素为单位。由于纵横比的限制，不能单独更改旋钮的高度和宽度。要调整旋钮的大小，可使用 Position(3:4)=[width height]设置宽度和高度。 Position 值相对于父容器的可绘制区域。示例：［100 200 60 60］
	InnerPosition	旋钮的内部位置和大小，不包括状态标记和状态标签，指定为向量[left bottom width height]。位置值相对于父容器。所有测量值都以像素为单位。此属性值等同于旋钮组件的 Position
	OuterPosition	此属性为只读。旋钮的外部位置和大小，包括状态标记和标签，以向量[left bottom width height]形式返回。位置值相对于父容器。所有测量值都以像素为单位

	Layout	布局选项，指定为 GridLayoutOptions 对象。此属性为网格布局容器的子级组件指定选项。如果组件不是网格布局容器的子级（如图窗或面板的子级），此属性为空且不起作用。但是，如果组件是网格布局容器的子级，则可以通过在 GridLayoutOptions 对象上设置 Row 和 Column 属性，将组件放置在网格所需的行和列中。
		例如，以下代码将一个分档旋钮放置在其父网格的第三行第二列中。
		g = uigridlayout([4 3]);
		k = uiknob(g,'discrete');
		k.Layout.Row = 3;
		k.Layout.Column = 2;
		要使该旋钮跨多个行或列，请将 Row 或 Column 属性指定为二元素向量。例如，此旋钮跨列 2 到 3。
		k.Layout.Column = [2 3];

回调	ValueChangedFcn	更改值后执行的函数
	CreateFcn	对象创建函数
	DeleteFcn	对象删除函数
回调执行控制	Interruptible	回调中断
	BusyAction	回调排队
	BeingDeleted	删除状态。此属性为已读
父/子	Parent	父容器，指定为使用 uifigure 函数创建的 Figure 对象或其子容器之一：Tab、Panel、ButtonGroup 或 GridLayout。如果未指定容器，MATLAB 将调用 uifigure 函数以创建一个新 Figure 对象来充当父容器
	HandleVisibility	对象句柄的可见性
标识符	Type	图形对象的类型，以'uidiscreteknob'形式返回。此属性为只读
	Tag	对象标识符
	UserData	用户数据，指定为任何 MATLAB 数组

6.3.2　示例：模拟空调温度调节

创建 1 个分档旋钮（DiscreteKnob），用于显示控制空调温度。

具体步骤如下。

（1）设置布局和属性。在画布上拖曳 1 个信号灯（Lamp）组件和 1 个分档旋钮（DiscreteKnob），在检查器中将分档旋钮的 Items 值改为 On、Freezing、Cold、Warm、Hot、Off；调整各组件的相对位置和大小，调整画布大小，如图 6-9 所示。保存程序名为 app1_DiscreteKnob。

（2）添加回调函数，进入回调代码编辑界面。右键单击"组件浏览器"→"app1_DiscreteKnob"，在弹出的菜单中选择"回调"→"添加 StartupFcn 回调"，然后以同样的方法添加 Knob2ValueChanged 回调，如图 6-10 所示。

图 6-9　布局

图 6-10　添加回调函数

（3）进入代码视图，在 startupFcn、Knob2ValueChanged 函数中添加相应的回调代码，如图 6-11 所示。

```
% Code that executes after component creation
function startupFcn(app)
    app.LampLabel.Text = '空调开启'
end

% Value changed function: Knob2
function Knob2ValueChanged(app, event)
    value = app.Knob2.Value;
    if app.Knob2.Value == "Freezing"
        app.LampLabel.Text = '冰冻模式'
        app.Lamp.Color = [1 1 1];
    elseif app.Knob2.Value == "Cold"
        app.LampLabel.Text = '凉爽模式'
        app.Lamp.Color = [0.3922 0.8314 0.0745];
    elseif app.Knob2.Value == "Warm"
        app.LampLabel.Text = '温暖模式'
        app.Lamp.Color = [0.9294 0.6941 0.1255];
    elseif app.Knob2.Value == "Hot"
        app.LampLabel.Text = '加热模式'
        app.Lamp.Color = [1 0 0];
    else
        app.LampLabel.Text = '空调关闭'
        app.Lamp.Color = [0.8 0.8 0.8];
    end
end
```

图 6-11　添加回调代码

（4）运行程序。可以通过按 F5 键、单击"编辑器"栏或者顶部"自定义快速访问工具栏"中的"运行"图标来运行程序。旋转至 Freezing 位置，标签显示为"冰冻模式"，同时信号灯变为白色；旋转至 Hot 位置，标签显示为"加热模式"，同时信号灯变为红色，如图 6-12 所示。

图 6-12　运行程序

6.4　旋钮（Knob）

旋钮是表示仪器控制旋钮的一种 UI 组件，用户可以通过调节它来控制某个值。可通过属性控制旋钮的外观和行为。可以使用圆点表示法引用特定的对象和属性。

```
fig = uifigure;
k = uiknob(fig);
k.Value = 45;
```

6.4.1　Knob 对象的属性

Knob 对象的主要属性见表 6-5。

表 6-5　　　　　　　　　　　　　　　Knob 对象的主要属性

对象	属性	说明
仪表	Value	旋钮的值
	Limits	旋钮值的最小值和最大值
刻度	Major Ticks	主刻度线位置
	Major Tick Labels	主刻度标签
	Minor Ticks	次刻度线位置
	Major Ticks Mode	主刻度创建模式
	Major Tick Labels Mode	主刻度标签模式
	Minor Ticks Mode	次刻度创建模式
字体和颜色	FontName	字体名称

续表

对象	属性	说明
字体和颜色	FontSize	字体大小
	FontWeight	字体粗细
	FontAngle	字体角度
	FontColor	字体颜色
交互性	Visible	可见性状态
	Enable	工作状态
	Tooltip	工具提示
	ContextMenu	上下文菜单
位置	Position	旋钮的位置和大小
	Innerposition	旋钮的内部位置和大小
	Outerposition	旋钮的外部位置和大小
	Layout	布局选项
回调	ValueChangedFcn	更改值后执行的回调
	ValueChangingFcn	更改值后执行的回调。在 App 用户释放旋钮之前，Knob 对象的 Value 属性不会更新。因此，要获取转动旋钮时的旋钮值，代码必须获取 ValueChangingData 对象的 Value 属性。 回调按照如下方式执行。 如果 App 用户单击旋钮值，回调将执行一次。例如，如果旋钮在 1.0 的位置，App 用户在 1.1 的位置单击一次，回调将执行一次。 如果 App 用户单击旋钮并将其拖动到新位置，回调将重复执行。例如，如果旋钮值为 1.0，App 用户单击、按住并将旋钮拖动到值 10.0，则回调将执行多次，直到 App 用户释放旋钮为止
	CreateFcn	对象创建函数
	DeleteFcn	对象删除函数
回调执行控制	Interruptible	回调中断
	BusyAction	回调排队
	Being Deleted	删除状态
父/子	Parent	父容器
	HandleVisibility	对象句柄的可见性
标识符	Type	图形对象的类型
	Tag	对象标识符
	UserData	用户数据

6.4.2　示例：模拟收音机调频

创建 1 个旋钮（Knob）组件，用于显示收音机调频。

具体步骤如下。

（1）设置布局和属性。向画布上拖曳 1 个旋钮，在检查器中将旋钮的 Limits 值改为[96 107]，调整各组件的相对位置和大小，调整画布大小，如图 6-13 所示。保存程序名为 app1_Knob。

（2）添加回调函数，进入回调代码编辑界面。右键单击"组件浏览器"→"app1_Knob"，在弹出的菜单中选择"回调"→"添加 ValueChangedFcn 回调"，如图 6-14 所示。

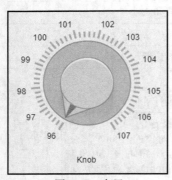

图 6-13　布局

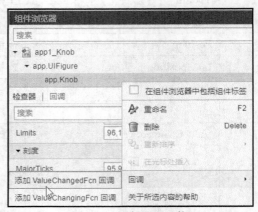

图 6-14　添加回调函数

（3）进入代码视图，在 KnobValueChanged 函数中添加相应的回调代码，如图 6-15 所示。

```matlab
% Value changed function: Knob
function KnobValueChanged(app, event)
    value = round(app.Knob.Value)
    if value == 96
        app.KnobLabel.Text ="欢迎收听山东人民广播电台经济台";
    elseif value == 97
        app.KnobLabel.Text ="欢迎收听山东文艺广播电台";
    elseif value == 101
        app.KnobLabel.Text ="欢迎收听山东人民广播电台交通音乐之声";
    elseif value == 103
        app.KnobLabel.Text ="欢迎收听济南人民广播电台交通音乐台";
    elseif value == 104
        app.KnobLabel.Text ="欢迎收听山东人民广播电台";
    elseif value == 105
        app.KnobLabel.Text ="欢迎收听山东人民广播电台生活频道";
    elseif value == 106
        app.KnobLabel.Text ="欢迎收听济南人民广播电台";
    end
end
```

图 6-15　添加回调代码

（4）运行程序。可以通过按 F5 键、单击"编辑器"栏或者顶部"自定义快速访问工具栏"中的"运行"图标来运行程序。当旋转指针指向 96 时，标签提示"欢迎收听山东人民广播电台经济台"；当旋转指针指向 101 时，标签提示"欢迎收听山东人民广播电台交通音乐之声"。如图 6-16 所示。

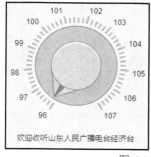 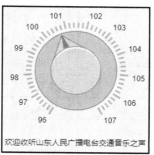

图 6-16　运行程序

6.5　开关（Switch）、拨动开关（ToggleSwitch）、跷板开关（RockerSwitch）

开关分为普通开关（Switch）、拨动开关（ToggleSwitch）和跷板开关（RockerSwitch）。开关是一种指示逻辑状态的 UI 组件。可通过属性控制开关的外观和行为。可以使用圆点表示法引用特定的对象和属性。

```
fig = uifigure;
s = uiswitch(fig);
s.Items = {'Cold','Hot'};
```

6.5.1　Switch 对象的属性

Switch 对象的主要属性见表 6-6。

表 6-6　　　　　　　　　　　　　　　Switch 对象的主要属性

对象	属性	说明
切换	Value	值，指定为 Items 或 ItemsData 数组的元素。默认情况下，Value 是 Items 中的第一个元素。 将 Value 指定为 Items 的元素，即可将开关移动到与该元素匹配的位置。如果 ItemsData 非空，则 Value 必须设置为 ItemsData 的元素，而开关将移动到关联的位置
	Items	开关选项，指定为字符向量元胞数组、字符串数组或 1×2 分类数组。如果指定为数组，则该数组必须包含两个元素。允许有重复的元素
	ItemsData	与 Items 属性值的每个元素关联的数据，指定为 1×2 数值数组或 1×2 元胞数组。允许有重复的元素。 例如，如果将 Items 值设置为 {'Freezing','Boiling'}，则可以将 ItemsData 值设置为对应的摄氏温度[0,100]。ItemsData 值对 App 用户不可见。

对象	属性	说明
切换	ItemsData	示例：{'One' 'Two'} 示例：[10 20]
	Orientation	开关的方向，指定为'horizontal'▬或'vertical'Ⅱ
字体	FontName	字体名称
	FontSize	字体大小
	FontWeight	字体粗细
	FontAngle	字体角度
	FontColor	字体颜色
交互性	Visible	可见性状态
	Enable	工作状态
	Tooltip	工具提示
	ContextMenu	上下文菜单
位置	Position	开关的位置和大小，不包括状态标记和标签，指定为向量[left bottom width height]。 ①left：父容器的内部左边缘与开关的外部左边缘之间的距离。 ②bottom：父容器的内部下边缘与开关的外部下边缘之间的距离。 ③width：开关的左右外部边缘之间的距离，不包括标签 ④height：开关的上下外部边缘之间的距离，不包括标签
	Innerpocition	开关的内部位置和大小
	OuterPosition	开关的外部位置和大小
回调	ValueChangedFcn	更改值后执行的函数
	CreateFcn	对象创建函数
	DeleteFcn	对象删除函数
回调执行控制	Interruptible	回调中断
	BusyAction	回调排队
父/子	HandleVisibility	对象句柄的可见性
标识符	Tag	对象标识符

6.5.2　示例：模拟汽车启动

创建 1 个圆形仪表（Gauge）、1 个滑块（Slide）、1 个信号灯（Lamp）、1 个拨动开关（ToggleSwitch）和 1 个普通开关（Switch），用于模拟汽车启动，显示车速，显示仪表盘灯光。

具体步骤如下。

（1）设置布局和属性。向画布上拖曳 1 个圆形仪表、1 个滑块、1 个信号灯、1 个拨动开关和 1 个普通开关。在"检查器"中将信号灯的颜色设为黑色，将信号灯文本的字体设为楷体，将字体大小设为 15，将 WordWrap 设为选中状态；将拨动开关的 Items 改为一列两行的向量[0　1]，Value 值为 0，Text 值为"启动/熄火"；将普通开关的 Items 改为一列两行的向量[0　1]，Value 值为 0，Text 值为"仪表盘灯"；滑块的标签值为"车速"，Limits 值为[0　300]。调整各组件的相对位置和大小，调整画布大小。保存程序名为 app1_Switch。界面布局和组件浏览器组件名称如图 6-17 所示。

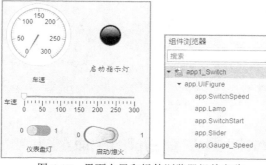

图 6-17　界面布局和组件浏览器组件名称

（2）添加回调函数，进入回调代码编辑界面。在组件浏览器中，右键单击 app1_Switch 添加 startupFcn 回调，右键单击 app.SwitchSpeed 添加 SwitchStartValueChanged 回调，并以同样的方法添加 SliderValueChanging、SwitchSpeedValueChanged 回调。

（3）进入代码视图，添加相应的回调代码，如图 6-18 所示。

```
% Code that executes after component creation
function startupFcn(app)
    app.Slider.Enable=0;
end

% Value changed function: SwitchStart
function SwitchStartValueChanged(app, event)
    value = app.SwitchStart.Value;
    if value == '1'
        app.Slider.Enable = 1;
        app.Lamp.Color = [0 1 0];
    elseif value== '0'
        app.Slider.Enable = 0;
        app.Lamp.Color = [0 0 0];
    end
end

% Value changing function: Slider
function SliderValueChanging(app, event)
    changingValue = event.Value;
    app.Gauge_Speed.Value = changingValue;
    if changingValue > 150
        app.Label_5.Text = "开太猛了，慢点开"
    end
end

% Value changed function: SwitchSpeed
function SwitchSpeedValueChanged(app, event)
    value = str2num(app.SwitchSpeed.Value);
    if value == 1 && str2num(app.SwitchStart.Value) == 1;
        app.Gauge_Speed.BackgroundColor = [0.00,1.00,1.00];
    end
end
```

图 6-18　添加回调代码

（4）运行程序。可以通过按 F5 键、单击"编辑器"栏或者顶部"自定义快速访问工具栏"中的"运行"图标来运行程序。系统启动，单击"启动/熄火"按钮，绿灯亮起；单击"仪表盘灯"按钮,车速仪表盘亮起;拖动滑块,当速度超过 150 时,绿灯下方提醒"开太猛了,慢点开",如图 6-19 所示。

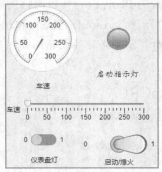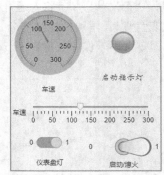

图 6-19　运行程序

6.6　综合实例:模拟汽车启动和控制车速

创建 1 个圆形仪表(Gauge)、1 个 90 度仪表(NinetyDegreeGauge)、1 个滑块(Slide)、1 个信号灯(Lamp)和 1 个拨动开关(ToggleSwitch),用于模拟汽车启动、显示车速和冷却液温度。本示例在 6.1.2 节的基础上,添加信号灯和拨动开关。

具体步骤如下。

(1)设置布局和属性。向画布上增加 1 个信号灯和 1 个拨动开关。在检查器中,将信号灯的颜色设为黑色,将信号灯文本的字体颜色设为红色,字体选择楷体,字体大小改为 15,WordWrap 设为选中状态;将拨动开关的 Items 改为一列两行的向量[0 1],Value 值为 0,Text 值为"启动/熄火";调整各组件的相对位置和大小,调整画布大小,如图 6-20 所示。保存程序。

(2)添加回调函数,进入回调代码编辑界面。右键单击"组件浏览器"中的"app.Switch",在弹出的菜单中选择"回调"→"添加 SwitchValueChanged 回调"。用同样的方法右键单击 app1_Switch 添加 StartupFcn 回调,右键单击 app.Slider 添加 SliderValueChanging 回调,如图 6-21 所示。

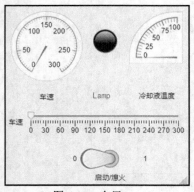

图 6-20　布局　　　　　　　　　　　图 6-21　添加回调函数

(3)进入代码视图,添加相应的回调代码,如图 6-22 所示。

```
% Code that executes after component creation
function startupFcn(app)
    app.Slider.Enable=0;
end

% Value changed function: Switch
function SwitchValueChanged(app, event)
    value = app.Switch.Value
    if value == '1'
        app.Slider.Enable = 1;
        app.Lamp.Color = [0 1 0];
    elseif value== '0'
        app.Slider.Enable = 0;
        app.Lamp.Color = [0 0 0];
    end
end

% Value changing function: Slider
function SliderValueChanging(app, event)
    changingValue = event.Value;
    app.Gauge_Speed.Value = changingValue;
    if changingValue<60
        app.Gauge_Cool.Value = changingValue^0.9;
    elseif changingValue < 100
        app.Gauge_Cool.Value = changingValue^0.9;
    elseif changingValue > 150
        app.LampLabel.Text = "开太猛了，慢点开"
    else
        app.Gauge_Cool.Value = changingValue^0.8;
    end
end
```

图 6-22　添加回调代码

（4）运行程序。可以通过按 F5 键、单击"编辑器"栏或者顶部"自定义快速访问工具栏"中的"运行"图标来运行程序。系统启动，单击拨动按钮，绿灯亮起；拖动滑块，当速度超过 150 时，绿灯下方提醒"开太猛了，慢点开"，如图 6-23 所示。

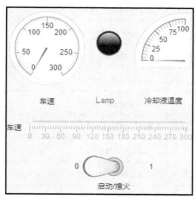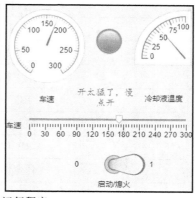

图 6-23　运行程序

第 7 章　航空航天（AeroSpace）组件

使用常见的航空航天组件可以在 App Designer 中创建航空航天专用的应用程序。App Designer 是一个功能丰富的开发环境，可提供布局和代码视图、MATLAB 编辑器的完全集成版本以及大量交互式组件。要在 App Designer 中使用航空航天组件，必须具有 Aerospace Toolbox 许可证。

要显示飞行状态信息（如高度和航向），可在 MATLAB App Designer 中使用座舱仪表功能及其属性。例如，可以使用这些功能、属性或仪表来复制标准座舱的外观。那么如何创建标准的座舱仪表？航空航天工具箱将座舱仪表创建为组件，使用关联的属性来控制它们的外观和行为。

编程实现 UI 组件生成功能，仅适用于使用 uifigure 功能创建的图形。有了 Aerospace Toolbox 许可证，也可以通过 MATLAB App Designer 获得飞行仪表。航空航天组件见表 7-1。

表 7-1　　　　　　　　　　　　　　　航空航天组件

序号	组件
1	空速指示仪（AirspeedIndicator）
2	海拔测量仪（Altimeter）
3	人工地平仪（ArtificialHorizon）
4	爬升率指示仪（ClimbIndicator）
5	EGT 指示仪（EGTIndicator）
6	航向指示仪（HeadingIndicator）
7	RPM 指示仪（RPMIndicator）
8	转弯协调仪（TurnCoordinator）

7.1　空速指示仪（AirspeedIndicator）

空速指示仪是用于显示飞机速度的组件。可使用圆点表示法来引用特定的对象和属性。

```
f = uifigure;

airspeed = uiaeroairspeed(f);

airspeed.Airspeed = 100;
```

AirspeedIndicator 对象的主要属性见表 7-2。

表 7-2   AirspeedIndicator 对象的主要属性

对象	属性	说明
空速指示仪	Airspeed	空速值，以节为单位，指定为有限实数和标量数字。 ①如果该值小于最小极限属性值，则指针指向标尺开始之前的位置。 ②如果该值大于最大极限属性值，则指针指向刻度尺结束后的位置。 示例：100
	Limits	最小和最大极限属性值，指定为两个元素的数字数组。数组中的第一个值必须小于第二个值（以节为单位）。 如果更改 Limits，以使 Value 值小于新的下限或大于新的上限，则 Gauge 指针指向标尺之外的位置。 例如，假设 Limits 为[0 100]，并且 Value 值为20。如果 Limits 更改为[50 100]，则指针指向刻度之外的位置，小于50
	ScaleColors	刻度颜色

	ScaleColorLimits	标度颜色限制，指定为 n×2 的数字数组。对于数组中的每一行，第一个元素必须小于第二个元素。第一个 ScaleColor Limits 值可以重叠，此时在重叠区域会出现两条或以上颜色的标线。
		如：数组中第一行[0 120]与第二行[100 360]有20个刻度重合。
		
		airspeed.ScaleColorLimits
		ans =
		    0 120
		  100 360
		  360 380
		  380 400
		将颜色应用于 gauge 时，MATLAB 将从 ScaleColors 数组中的第一种颜色开始应用颜色。因此，如果 ScaleColorLimits 数组中的两行重叠，则后应用的颜色优先。
		gauge 不会显示 ScaleColorLimits 超出 Limits 属性的任何部分。
		如果 ScaleColors 和 ScaleColorLimits 属性值的大小不同，则 gauge 仅显示具有匹配限制内的颜色。例如，如果 ScaleColors

续表

对象	属性	说明
空速指示仪	ScaleColorLimits	数组具有 3 种颜色，但是 ScaleColorLimits 仅具有两行，则量表仅显示前两个颜色/限制对
	Value	空速值，指定为有限、实数和标量数值。空速值决定了飞机的空速。 如果该值小于 Limits 属性的最小值，则指针指向刻度开始之前的位置。 如果该值大于最大 Limits 属性值，则指针指向刻度结束后的位置。 示例：100
交互性	Visible	可见性状态
	Enable	工作状态
	Tooltip	工具提示
	ContextMenu	上下文菜单
位置	Position	空速指示仪相对于父容器的位置和大小
父/子	HandleVisibility	对象句柄的可见性
标识符	Tag	对象标识符

7.2　海拔测量仪（Altimeter）

海拔测量仪可当作高度计使用。可使用圆点表示法来引用特定的对象和属性。

```
f = uifigure;
altimeter = uiaeroaltimeter(f);
altimeter.Altitude = 100;
```

海拔测量仪以英尺为单位显示海拔高度，也称为 Pressure Altitude。它用针在 Gauge 和数字指示器上显示高度值。

该仪表有 10 个主要刻度，在每个主要刻度线之间，有 5 个次要刻度线。这个 Gauge 有 3 根针。使用指针，海拔测量仪只能准确显示 0～100 000 英尺（1 英尺=0.304 8 米）的高度。

对于最长的针，较小的刻度线间的距离表示 20 英尺，而较大的刻度线间的距离表示 100 英尺。

对于第二长的针，较小的刻度线间的距离表示 200 英尺，而较大的刻度线间的距离表示 1 000 英尺。

对于最短的针，较小的刻度线间的距离表示 2 000 英尺，而较大的刻度线间的距离表示 10 000 英尺。

至于数字显示，仪表显示为介于 0 与 9 999 英尺的数字字符。当数值达到或超出 10 000 英尺时，仪表将只显示其后四位。例如，12 345 英尺显示为 2 345 英尺，22 000 英尺显示为 2 000 英尺。当该值小于 0（低于海平面）或超过 100 000 英尺时，仪表将无法显示准确数值：值小于

0，指针指向为 0；值超过 100 000，指针保持在 100 000 处。

Altimeter 对象的主要属性见表 7-3。

表 7-3　　　　　　　　　　　　Altimeter 对象的主要属性

对象	属性	说明
海拔测量仪	Altitude	飞机的高度，以英尺为单位，指定为任何有限和标量数字。 依存关系：指定此值，Value 的值将随之更改。 数据类型：双精度
	Value	飞机高度的位置，以英尺为单位，指定为有限的标量数字。 示例：60 依存关系：指定此值，Altitude 的值将随之更改。 数据类型：双精度
交互性	Visible	可见性状态
	Enable	工作状态
	Tooltip	工具提示
	ContextMenu	上下文菜单
位置	Position	海拔测量仪相对于父容器的位置和大小
父/子	HandleVisibility	对象句柄的可见性
标识符	Tag	对象标识符

7.3　人工地平仪（ArtificialHorizon）

ArtificialHorizon 表示飞机相对于地平线的姿态，并以度数显示横滚和俯仰：滚动值的绝对值不能超过 90 度，俯仰值的绝对值不能超过 30 度；如果超出，仪表的值将不再改变。

滚动值的变化会影响仪表半圆，黑色圆弧的刻度会相应地转动。间距值的变化会影响半圆的比例和分布。可使用圆点表示法来引用特定的对象和属性。

```
f = uifigure;
artificialhorizon = uiaerohorizon(f);
artificialhorizon.Value = [100 20];
```

ArtificialHorizon 对象的主要属性见表 7-4。

表 7-4　　　　　　　　　　　　ArtificialHorizon 对象的主要属性

对象	属性	说明
人工地平仪	Pitch	俯仰值，指定为任何有限和标量数字。俯仰值确定飞机围绕横轴的运动（以度为单位）。 依存关系：指定此值，值向量的第二个元素会随之更改。反过来，更改值向量的第二个元素，俯仰值也将随之更改。 数据类型：双精度

对象	属性	说明
人工地平仪	Roll	侧倾值，指定为任何有限和标量数字。侧倾值确定飞机围绕纵轴的旋转（以度为单位）。 依存关系：指定此值，值向量的第一个元素会随之更改。反过来，更改值向量的第一个元素，Roll 值也将随之更改。 数据类型：双精度
	Value	侧倾值和俯仰值，指定为矢量（[Roll Pitch]）。 侧倾值确定飞机绕纵轴的旋转。 俯仰值确定飞机绕横轴的运动。 范例：[100−200] 依存关系：指定 Roll 值，Value 向量的第一个元素将随之更改。反过来，更改 Value 向量的第一个元素，Roll 值将随之更改。 指定俯仰值，Value 向量的第二个元素将随之更改。反过来，更改 Value 向量的第二个元素，音高值将随之更改。 数据类型：双精度
交互性	Visible	可见性状态
	Enable	工作状态
	Tooltip	工具提示
	ContextMenu	上下文菜单
位置	Position	人工地平仪相对于父容器的位置和大小
父/子	HandleVisibility	对象句柄的可见性
标识符	Tag	对象标识符

7.4 爬升率指示仪（ClimbIndicator）

ClimbIndicator 以英尺/分钟为单位显示飞机爬升率的测量值。如果爬升率为正，指针覆盖上半圆；如果爬升率为负，则指针覆盖下半圆。可使用圆点表示法来引用特定的对象和属性。

```
f = uifigure;

climbindicator = app.uiaeroclimb(f);

climbindicator.ClimbRate = 100;
```

ClimbIndicator 对象的主要属性见表 7-5。

表 7-5　　　　　　　　　　　　ClimbIndicator 对象的主要属性

对象	属性	说明
爬升率指示仪	ClimbRate	飞机的爬升率，以 ft/min 为单位，指定为有限的正实数，即标量数字。 依存关系：指定此值，Value 的值会随之更改。 数据类型：双精度
	MaximumRate	最大仪表值，指定为有限的正实数，即标量数字，表示"+/-"最大爬升速率，以 ft/min 为单位。 数据类型：双精度
	Value	飞机的爬升率，以 ft/min 为单位，以有限的实数，即标量数字指定。 依存关系：指定此值将更改 ClimbRate 的值。 数据类型：双精度
交互性	Visible	可见性状态
	Enable	工作状态
	Tooltip	工具提示
	ContextMenu	上下文菜单
位置	Position	爬升率指示仪相对于父容器的位置和大小
父/子	HandleVisibility	对象句柄的可见性
标识符	Tag	对象标识符

7.5　EGT 指示仪（EGTIndicator）

EGTIndicator 以摄氏度显示发动机排气温度（EGT）的温度测量值。

此仪表使用以下两种方式显示值。

（1）仪表上的指针。大刻度（Maximum-Minimum）为 1 000 摄氏度，小刻度（Maximum-Minimum）为 200 摄氏度。

（2）一个数字指示仪。指示器的工作范围是从最低到最高摄氏度。

如果信号值在最小值以下，指针指向比最小值低 5 摄氏度的位置，数字显示屏显示最小值；如果该值超过最大值，指针指向比最大值高 5 摄氏度的位置，数字显示屏显示最大值。

可使用圆点表示法来引用特定的对象和属性。

```
f = uifigure;

egtindicator = uiaeroegt(f);

egtindicator.Value = 100;
```

EGTIndicator 对象的主要属性见表 7-6。

表 7-6   EGTIndicator 对象的主要属性

对象	属性	说明
EGT 指示仪	Temperature	温度值，指定为任何有限和标量数值（以摄氏度为单位）。 依存关系：指定此值，Value 的值会随之更改。反过来，更改 Value 值，温度值会随之更改
	Limits	最小和最大指标刻度值，指定为两个元素的数值向量。向量中的第一个值必须小于第二个值（以摄氏度为单位）。 如果更改 Limits 以使 Value 属性值小于新的下限或大于新的上限，则指示针指向刻度之外的位置。 例如，假设 Limits 为[0 100]，并且 Value 属性值为 20。如果 Limits 更改为[50 100]，则指针指向刻度之外略小于 50 的位置
	ScaleColors	刻度颜色
	ScaleColorLimits	标度颜色限制，指定为 n×2 的数字数组。对于数组中的每一行，第一个元素必须小于第二个元素。 将颜色应用于指示仪时，MATLAB 将从 ScaleColors 数组中的第一种颜色开始应用颜色。因此，如果 ScaleColorLimits 数组中的两行重叠，则后应用的颜色优先。 EGT 指示仪不显示 ScaleColorLimits 超出 Limits 属性的任何部分。 如果 ScaleColors 和 ScaleColorLimits 属性值的大小不同，则指示仪仅显示具有匹配限制的颜色。例如，如果 ScaleColors 数组具有 3 种颜色，但是 ScaleColorLimits 仅有两行，则指示仪仅显示前两个颜色/限制参数对
	Value	值，指定为任何有限和标量数字（以摄氏度为单位）。 依存关系：指定此值，温度值会随之更改。反过来，更改温度，Value 值会随之更改
交互性	Visible	可见性状态
	Enable	工作状态
	Tooltip	工具提示
	ContextMenu	上下文菜单
位置	Position	EGT 指示仪相对于父容器的位置和大小
父/子	HandleVisibility	对象句柄的可见性
标识符	Tag	对象标识符

7.6 航向指示仪（HeadingIndicator）

HeadingIndicator 以度为单位显示飞机航向的度量值，值的范围为 0～360 度。可使用圆点表示法来引用特定的对象和属性。

```
f = uifigure;
heading = uiaeroheading(f);
heading.Value = 100;
```

HeadingIndicator 对象的主要属性见表 7-7。

表 7-7　　　　　　　　　　　　　　HeadingIndicator 对象的主要属性

对象	属性	说明
航向指示仪	Heading	飞机航向的位置，是有限的标量值（以度为单位）。 更改该值，飞机航向会随之更改，它显示确切的值。 依存关系：指定此值，Value 的值会随之更改。 数据类型：双精度
	Value	飞机航向的位置，是有限的标量值，以度为单位。 更改该值，飞机航向会随之更改。 依存关系：指定此值，飞机航向会随之更改。 数据类型：双精度
交互性	Visible	可见性状态
	Enable	工作状态
	Tooltip	工具提示
	ContextMenu	上下文菜单
位置	Position	航向指示仪相对于父容器的位置和大小
父/子	HandleVisibility	对象句柄的可见性
标识符	Tag	对象标识符

7.7　RPM 指示仪（RPMIndicator）

RPMIndicator 显示每分钟发动机转数的测量值，以 RPM 的百分比表示。RPM 值的范围为 0～110%。较小的刻度间的距离表示 RPM 的 5%，较大的刻度间的距离则表示 RPM 的 10%。可使用圆点表示法来引用特定的对象和属性。

```
f = uifigure;
rpm = uiaerorpm(f);
rpm.Value = 100;
```

RPMIndicator 对象的主要属性见表 7-8。

表 7-8　　　　　　　　　　　　　　RPMIndicator 对象的主要属性

对象	属性	说明
RPM 指示仪	RPM	RPM 指示仪针的位置，是一个有限的标量值（以转/分为单位）。 更改值会更改针的位置，使其指向指示器上的相应值。 依存关系：指定此值，Value 的值会随之更改。 数据类型：双精度

续表

对象	属性	说明
RPM 指示仪	ScaleColors	刻度颜色
	ScaleColorLimits	标度颜色限制
	Limits	最小和最大指标刻度值，指定为两个元素的数字数组。该值是只读的
	Value	RPM 指示仪针的位置，是一个有限的标量值（以转/分为单位）。更改值会更改针的位置，使其指向指示器上的相应值
交互性	Visible	可见性状态
	Enable	工作状态
	Tooltip	工具提示
	ContextMenu	上下文菜单
位置	Position	RPM 指示仪相对于父容器的位置和大小
父/子	HandleVisibility	对象句柄的可见性
标识符	Tag	对象标识符

7.8 转弯协调仪（TurnCoordinator）

TurnCoordinator 在转弯协调仪和倾斜仪上显示测量值。这些测量值有助于确定转弯时是否协调、打滑或滑行。转弯是协调的转弯，结合了转弯的滚动和偏航。转向指示仪信号使仪表盘中的飞机符号以度为单位旋转。倾斜仪以度为单位旋转测距仪中的球符号。这些信号一起显示了飞机转弯时的打滑和滑行情况。倾斜角度值限制为-20 度到 20 度，滑移值限制为-15 度到 15 度。可通过属性控制转弯协调器的外观和行为。可使用圆点表示法来引用特定的对象和属性。

```
f = uifigure;
turn = uiaeroturn(f);
turn.Turn = 100;
```

TurnCoordinator 对象的主要属性见表 7-9。

表 7-9　　　　　　　　　　TurnCoordinator 对象的主要属性

对象	属性	说明
转弯协调仪	Turn	转弯速率值，指定为任何有限的标量值（以度为单位）。输入转弯速率值作为仪表中飞机符号的倾斜度。标准速率转弯（Standard rate turn）标记的角度为-15 度到 15 度。倾斜角度值限制为-20 度到 20 度。 依存关系：指定此值，Value 向量的第一个元素会随之改变。相反，更改 Value 向量的第一个元素，Turn 值会随之改变。 数据类型：双精度

续表

对象	属性	说明
转弯协调仪	Slip	滑移值，指定为任何有限的标量值，控制测斜仪中球符号的方向。负值将球向右移动，正值将球向左移动（以度为单位）。此值不能超过高于 15 度或低于−15 度。否则，Gauge 将固定在最小值或最大值的位置。 依存关系：指定此值，Value 向量的第二个元素会随之改变。相反，更改 Value 向量的第二个元素，Slip 值会随之改变。 数据类型：双精度
	Value	转弯速率值和滑移值，指定为矢量（[Turn Slip]）。 ①转弯速率值体现为飞机符号的倾斜度，可以表现飞机航向变化率。 ②滑移值控制测斜仪球的方向。当值为负时，球向右移动；当值为正时，将球向左移动。 示例：[15 0]表示协调的标准速率转弯。 依存关系： ①指定 Turn 值，Value 向量的第一个元素会随之改变。相反，更改 Value 向量的第一个元素，Turn 值会随之改变。 ②指定 Slip 值，Value 向量的第二个元素会随之改变。相反，更改 Value 向量的第二个元素，Slip 值会随之改变。 数据类型：双精度
交互性	Visible	可见性状态
	Enable	工作状态
	Tooltip	工具提示
	ContextMenu	上下文菜单
位置	Position	转弯协调仪相对于父容器的位置和大小
父/子	HandleVisibility	对象句柄的可见性
标识符	Tag	对象标识符

7.9　专题——创建和配置飞行仪表组件和动画对象

可以使用任何标准飞行仪表组件显示飞行数据，如空速指示仪（AirspeedIndicator）、海拔测量仪（Altimeter）、人工地平仪（ArtificialHorizon）、爬升率指示仪（ClimbIndicator）、EGT 指示仪（EGTIndicator）、航向指示仪（HeadingIndicator）、RPM 指示仪（RPMIndicator）和转弯协调仪（TurnCoordinator）。

常规工作流程为：加载模拟数据，创建 1 个动画对象，创建 1 个图形窗口，创建 1 个飞行控制面板以包含飞行仪表组件，创建飞行仪表组件，在仪表盘中触发动画的显示。

提示	仅可以将航空航天工具箱中的飞行工具与使用 uifigure 函数创建的图形一起使用。使用 GUIDE 或图形功能创建的应用程序不支持飞行仪表组件。

1. 加载和可视化数据

要加载和可视化数据，可考虑以下工作流程。

（1）加载模拟数据。例如，simdata 变量包含记录的模拟飞行轨迹数据。

```
load simdata
```

（2）要可视化动画数据，可创建一个动画对象。

① 创建一个 Aero.Animation 对象。

```
h = Aero.Animation;
```

② 使用 pa24-250_orange.ac AC3D 文件及其关联的补丁程序创建主体。

```
h.createBody('pa24-250_orange.ac','Ac3d');
```

③ 设置动画对象 h 的主体。将 TimeSeriesSource 属性设置为已加载的 simdata。

```
h.Bodies{1}.TimeSeriesSource = simdata;
```

④ 设置相机和图像的位置。

```
h.Camera.PositionFcn = @staticCameraPosition;

h.Figure.Position(1) = h.Figure.Position(1) + 572/2;
```

⑤ 创建并显示 h 的图形对象。

```
h.updateBodies(simdata(1,1));

h.updateCamera(simdata(1,1));

h.show();
```

要创建飞行仪表组件，可参阅下面创建飞行仪表组件的内容。

2. 创建飞行仪表组件

此工作流程假定已加载数据并创建了一个动画对象，如"加载和可视化数据"中所述。

（1）创建一个 uifigure 图形窗口。本示例创建一个窗口，以放置飞行仪表。

```
fig = uifigure('Name','Flight Instruments',...

'Position',[h.Figure.Position(1)-572 h.Figure.Position(2)+...

h.Figure.Position(4)-502 572 502],...

'Color',[0.2667 0.2706 0.2784],'Resize','off');
```

（2）为飞行仪表创建飞行仪表板图像，并将其另存为图形文件，如 PNG 文件。

（3）将飞行仪表板图像读取到 MATLAB 中，并使用 uiaxes 函数将其创建并加载到 App Designer 的 UI 轴中。要在当前轴上显示飞行仪表板图像，可使用图像功能。例如：

```
imgPanel = imread('astFlightInstrumentPanel.png');

ax = uiaxes('Parent',fig,'Visible','off','Position',[10 30 530 460],...

'BackgroundColor',[0.2667 0.2706 0.2784]);

image(ax,imgPanel);
```

（4）创建一个飞行仪表组件。例如，创建一个人工地平仪组件。将父对象指定为 Uifigure，设置人工地平仪的位置和大小。

```
hor = uiaerohorizon('Parent',fig,'Position',[212 299 144 144]);
```

（5）要触发动画，使其在仪表盘中显示，必须输入一个时间步长。例如，连接可以更改时间的时间输入设备，如滑块或旋钮。当在时间输入设备上更改时间时，飞行仪表组件将更新其显示的内容。本示例使用 uislider 函数创建滑块组件。

```
sl = uislider('Parent',fig,'Limits',[simdata(1,1),...
simdata(end,1)],'FontColor','white');
sl.Position = [50 60 450 3];
```

（6）滑块组件具有 ValueChangingFcn 回调，该回调在移动滑块时执行。要更新飞行仪表和动画人物，可将 ValueChangingFcn 回调分配给 helper 协助函数。本示例使用 astHelperFlightInstrumentsAnimation 协助函数。

```
sl.ValueChangingFcn = @(sl,event)
astHelperFlightInstrumentsAnimation(sl,fig,simdata,h);
```

（7）显示要通过拖动滑块选择的时间，可使用 uilabel 函数创建标签组件。此代码创建白色的标签文本，并将标签放置在位置[230 10 90 30]。

```
lbl = uilabel('Parent',fig,'Text',...
    ['Time: ' num2str(sl.Value,4) ' sec'],'FontColor','white');
lbl.Position = [230 10 90 30];
```

7.10　综合实例：标准驾驶舱仪表显示飞行状态信息

下面的应用程序展示了如何使用 App Designer 中的 Aerospace Toolbox 飞行仪表，通过标准驾驶舱仪表显示飞行状态信息。在启动时，该应用程序将从 MAT 文件中加载已保存的飞行数据，并启动一个新的 Aero.Animation 图形窗口。该应用程序使用 6 种飞行工具来显示与用滑块选择的时间相对应的飞行数据。动画窗口将更新以反映选定时间下的飞机方向。

此示例演示了以下应用程序构建任务。

（1）使用 StartupFcn 回调从文件加载数据并创建 Aero.Animation 对象。

（2）使用飞行仪表组件对飞行状态信息进行可视化，如空速指示仪、人工地平仪、转弯协调仪、航向指示仪、爬升率指示仪和海拔测量仪。

（3）使用滑块组件 ValueChangingFcn 回调可设置航空飞行仪器组件的属性，并与 Aero.Animation 对象进行交互。

按以下工作流程来创建一个应用程序，对 Piper PA-24 Comanche 的飞行数据进行可视化和保存。

（1）通过在命令行中键入 appdesigner 来启动 App Designer，然后在"入门"页面上选择"空白应用程序"。

（2）将航空航天组件从"组件库"拖到画布上。

（3）要加载模拟数据，可向应用程序中添加启动功能，然后创建动画对象。

（4）输入应用程序组件的回调、函数和属性，添加关联的代码。

（5）测试演示动画。

（6）保存并运行该应用程序。

下面将使用 Aero.Animation 对象来讲解实现的流程。

1. 启动 App Designer 并创建一个新应用

（1）启动 App Designer。在 MATLAB 命令窗口中输入 appdesigner。

（2）在 App Designer 的欢迎窗口中，单击"空白 app"。App Designer 会显示空白画布。

（3）要查看空白的应用模板，可单击"代码视图"。请注意，该应用程序包含一个模板，其中包含用于应用程序组件属性设置、组件初始化以及应用程序创建和删除的部分。

（4）要返回查看画布，可单击"设计视图"。

2. 将航空航天组件拖动到应用程序中

要将组件添加到空白画布，可执行以下操作。

（1）从组件库中，导航到 AEROSPACE，如图 7-1 所示。

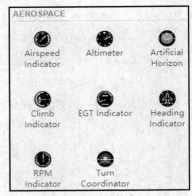

图 7-1　组件库

（2）将以下航空航天组件从库中拖到画布上：空速指示仪（AirspeedIndicator）、人工地平仪（ArtificialHorizon）、转弯协调仪（TurnCoordinator）、航向指示仪（HeadingIndicator）、爬升率指示仪（ClimbIndicator）、海拔测量仪（Altimeter）。

（3）本例使用 Aero.Animation 对飞机随时间变化的飞行状态进行可视化。要设置当前时间，可添加时间输入设备，如滑块或旋钮。当在时间输入设备上更改时间时，飞行仪表组件和动画窗口将更新其显示结果。

具体步骤如下。

① 添加一个 Slider 组件作为时间输入设备。

② 要通过拖动滑块显示不同时间，可编辑滑块的标签。例如，将标签更改为"Time：00.00 sec"，将滑块显示的上限更改为"50"。

（4）单击"代码视图"。请注意，在属性（即 properties(Access=public)）和组件初始化（即 fuction createComponents(app)）部分现在包含新组件的定义。由 App Designer 管理的代码不可编辑（显示为灰色）。

（5）在画布右侧的"属性检查器"部分中，重命名以下组件。

UIFigure 组件重命名为 FlightInstrumentsFlightDataPlaybackUIFigure，将滑块组件重命名为 Time000secSlider。

3. 添加代码以加载和可视化应用程序的数据

此工作流程假设已启动 App Designer，创建了一个空白应用程序，并向该应用程序中添加了航空航天组件。

（1）在"组件浏览器"中，右键单击程序名称如"app1"，在弹出的菜单中选择"回调"→"添加 StartupFcn 回调"，如图 7-2 所示。此时代码中就添加了 StartupFcn 回调。

图 7-2　添加回调

（2）将其他属性添加到类中，用于模拟数据和动画对象。将光标放在组件属性部分的后面，然后在插入部分（图中红色框内的空白区域）中单击"属性"→"公共属性"。在新的属性模板中添加属性代码，使其如图 7-3、图 7-4 所示。

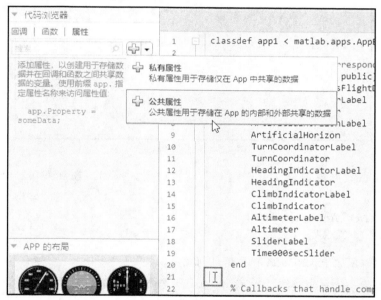

图 7-3　添加"公共属性"

simdata 是保存的航班数据。animObj 是图形窗口的 Aero.Animation 对象。

（3）在 StartupFcn 部分，将代码添加到加载模拟数据的启动函数中。例如，simdata.mat 文件包含记录的模拟飞行轨迹数据。

```
% Code that executes after component creation

function startupFcn(app)

    % Load saved flight status data

    savedData = load(fullfile(matlabroot, ...
```

```
                'toolbox', 'aero', 'astdemos', 'simdata.mat'), 'simdata');

    yaw = savedData.simdata(:,7);

    yaw(yaw<0) = yaw(yaw<0)+2*pi; % Unwrap yaw angles

    savedData.simdata(:,7) = yaw;

    app.simdata = savedData.simdata;  % Load saved flight status data
```

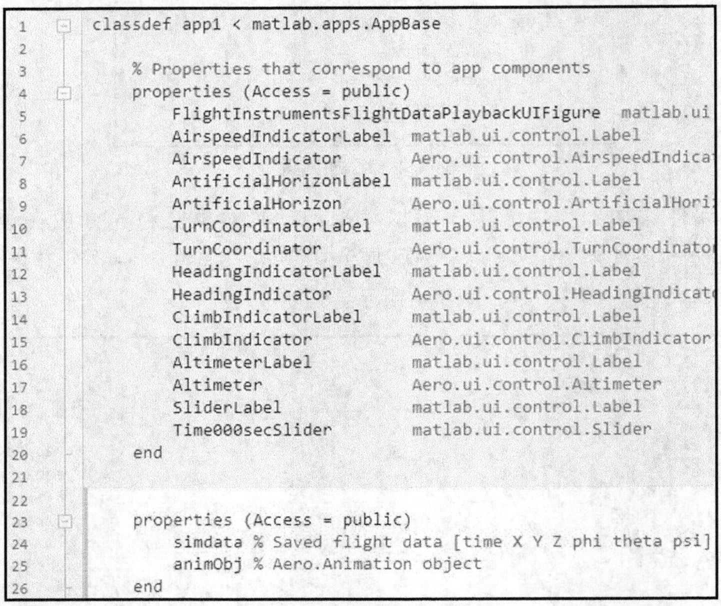

```
1      classdef app1 < matlab.apps.AppBase
2
3          % Properties that correspond to app components
4          properties (Access = public)
5              FlightInstrumentsFlightDataPlaybackUIFigure   matlab.ui
6              AirspeedIndicatorLabel      matlab.ui.control.Label
7              AirspeedIndicator           Aero.ui.control.AirspeedIndica
8              ArtificialHorizonLabel      matlab.ui.control.Label
9              ArtificialHorizon           Aero.ui.control.ArtificialHori
10             TurnCoordinatorLabel        matlab.ui.control.Label
11             TurnCoordinator             Aero.ui.control.TurnCoordinato
12             HeadingIndicatorLabel       matlab.ui.control.Label
13             HeadingIndicator            Aero.ui.control.HeadingIndicat
14             ClimbIndicatorLabel         matlab.ui.control.Label
15             ClimbIndicator              Aero.ui.control.ClimbIndicator
16             AltimeterLabel              matlab.ui.control.Label
17             Altimeter                   Aero.ui.control.Altimeter
18             SliderLabel                 matlab.ui.control.Label
19             Time000secSlider            matlab.ui.control.Slider
20         end
21
22
23         properties (Access = public)
24             simdata % Saved flight data [time X Y Z phi theta psi]
25             animObj % Aero.Animation object
26         end
```

图 7-4　添加属性代码

（4）要将动画数据可视化，可创建一个动画对象。例如，在加载模拟数据后进行以下操作。

① 创建一个 Aero.Animation 对象。

```
app.animObj = Aero.Animation;
```

② 对动画对象使用 Piper Pa-24 科曼奇几何图形。

```
app.animObj.createBody('pa24-250_orange.ac','Ac3d');
```

```
% Piper PA-24 科曼奇几何图形
```

③ 使用先前加载的数据 app.simdata 作为动画对象的源。

```
% [time X Y Z phi theta psi]
```

```
app.animObj.Bodies{1}.TimeseriesSourceType = 'Array6DoF';
```

```
app.animObj.Bodies{1}.TimeSeriesSource = app.simdata;
```

④ 初始化相机和图像的位置。

```
app.animObj.Camera.PositionFcn = @staticCameraPosition;
```

```
app.animObj.Figure.Position = ...
```

```
    [app.FlightInstrumentsFlightDataPlaybackUIFigure.Position(1)+625,...
    app.FlightInstrumentsFlightDataPlaybackUIFigure.Position(2),...
    app.FlightInstrumentsFlightDataPlaybackUIFigure.Position(3),...
    app.FlightInstrumentsFlightDataPlaybackUIFigure.Position(4)];
app.animObj.updateBodies(app.simdata(1,1));
% Initialize animation window at t=0
app.animObj.updateCamera(app.simdata(1,1));
```

（5）创建并显示图形对象。

```
app.animObj.show();
```

4. 添加代码以触发动画对象的显示

此工作流程假定已向应用程序添加了启动功能，以加载模拟数据并创建动画对象。要触发动画对象和飞行工具的更新，可执行以下操作。

（1）在应用程序的代码视图中，为滑块添加一个 ValueChangingFcn 回调。在代码视图中，App Designer 自动添加了回调函数 Time000secSliderValueChanging。

（2）在滑块标签 Time000secSliderLabel 中添加代码以显示当前时间，例如：

```
% Display current time in slider component
t = event.Value;
app.Time000secSliderLabel.Text = sprintf('Time: %.1f sec', t);
```

（3）添加代码以计算与滑块上所选时间相对应的每个飞行仪表部件的数据值，例如：

```
% Find corresponding time data entry
k = find(app.simdata(:,1)<=t);
k = k(end);

    app.Altimeter.Altitude = convlength(-app.simdata(k,4), 'm', 'ft');
    app.HeadingIndicator.Heading = convang(app.simdata(k,7),'rad','deg');
    app.ArtificialHorizon.Roll = convang(app.simdata(k,5),'rad','deg');
    app.ArtificialHorizon.Pitch = convang(app.simdata(k,6),'rad','deg');

    if k>1
        % Estimate velocity and angular rates
        Vel = (app.simdata(k,2:4)-app.simdata(k-1,2:4))/...
            (app.simdata(k,1)-app.simdata(k-1,1));
        rates = (app.simdata(k,5:7)-app.simdata(k-1,5:7))/...
            (app.simdata(k,1)-app.simdata(k-1,1));
```

```
    app.AirspeedIndicator.Airspeed = ...
        convvel(sqrt(sum(Vel.^2)),'m/s','kts');
    app.ClimbIndicator.ClimbRate = ...
        convvel(-Vel(3),'m/s','ft/min');


    % Estimate turn rate and slip behavior
    app.TurnCoordinator.Turn = convangvel(rates(1)*sind(30) +...
        rates(3)*cosd(30),'rad/s','deg/s');
    app.TurnCoordinator.Slip = 1/(2*pi)*convang(atan(rates(3)*...
        sqrt(sum(Vel.^2))/9.81)-app.simdata(k,5),'rad','deg');
else
    % time = 0
    app.ClimbIndicator.ClimbRate = 0;
    app.AirspeedIndicator.Airspeed = 0;
    app.TurnCoordinator.Slip = 0;
    app.TurnCoordinator.Turn = 0;
end
```

（4）添加代码以更新动画窗口显示，例如：

```
% Update animation window display
app.animObj.updateBodies(app.simdata(k,1));
app.animObj.updateCamera(app.simdata(k,1));
```

5. 添加代码以使用 UIFigure 窗口关闭动画窗口

此工作流程假定已准备好为 FlightInstrumentsFlightDataPlaybackUIFigure 图形窗口定义关闭功能。

（1）添加 CloseRequestFcn 函数。

在"组件浏览器"窗口右键单击"FlightInstrumentsFlightDataPlaybackUIFigure"，在弹出菜单中选择"回调"→"添加 CloseRequestFcn 回调"。在代码视图中，App Designer 自动添加了回调函数 FlightInstrumentsFlightDataPlaybackUIFigureCloseRequest。

（2）在新的回调模板中，添加代码以删除动画对象，例如：

```
% Close animation figure with app
delete(app.animObj);
delete(app);
```

6. 保存并运行程序

此工作流程假定已添加代码，关闭 UIFigure 窗口，保存并运行该应用程序。

（1）使用文件名 myFlightInstrumentsExample 保存该应用。请注意，此名称适用于 classdef。

（2）单击"运行"按钮或者按 F5 键。

保存更改后，可以在 App Designer 窗口中运行该应用程序，或在 MATLAB 命令窗口中键入其名称（不带.mlapp 扩展名）。用命令提示符运行应用程序时，该文件必须位于当前文件夹或 MATLAB 路径中。布局及程序运行效果如图 7-5～图 7-8 所示。

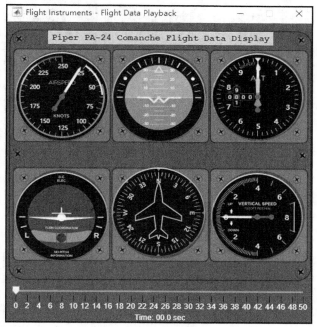

图 7-5　布局

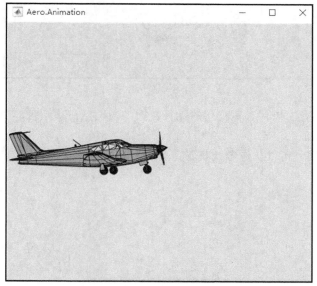

图 7-6　初始程序

图 7-7　运行程序，滑动滑块

图 7-8　模型运行

（3）更改滑块位置，以保存可视化的飞行数据。当飞机在动画窗口中改变方向时，可观察航空航天组件的变化。

完整的示例和代码，可以从作者处获取。

第 8 章　App 打包生成 EXE 可执行文件

App 打包生成 EXE 可执行文件，可以直接从 App Designer 的工具条打包 App 安装程序文件，也可以创建独立的桌面 App 或 Web App（需要 MATLAB Application Compiler）。这里主要介绍两种方法：工具条打包 App 安装程序文件和 Application Compiler 打包文件。

8.1　工具条打包 App 安装程序文件

（1）在 App 工具条中选择"App 打包"。当鼠标指针放在该图标上时，系统会自动提示"将文件打包到 App 中"，如图 8-1 所示。

图 8-1　App 打包

鼠标左键单击该图标，弹出"打包为 App"界面。地址栏为当前文件夹所在路径，如图 8-2 所示。

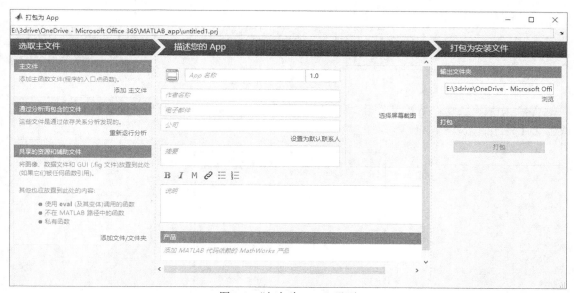

图 8-2　"打包为 App"界面

（2）在"选取主文件"下方单击"添加 主文件"，打开主文件所在路径，选择主文件，系统将自行分析该主文件用到的文件并自行添加，如图 8-3、图 8-4 所示。

图 8-3 "选取主文件"界面　　　　　图 8-4 选择主文件并自动分析主文件用到的其他文件

（3）描述 App。当选择了主文件后，系统将默认 App 名字为主文件名。如果要修改名字，名字中可以使用英文字符、数字、下划线等，不能使用中文字符。可以根据提示添加作者名称、电子邮件、公司、摘要、说明等信息，如图 8-5 所示。也可以单击"选择屏幕截图"，选择自己想要添加的图片。

图 8-5 对 App 进行描述

（4）如果有图像、数据文件等其他文件，还需要在"共享的资源和辅助文件"中添加文件或者文件夹，如图 8-6 所示。

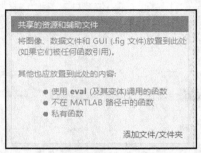

图 8-6 共享的资源和辅助文件

（5）打包文件。单击"打包"按钮，系统将在指定的文件夹生成工具条安装包文件，如图 8-7～图 8-9 所示。

图 8-7　"打包"界面

图 8-8　打包完成提示

图 8-9　打包后生成的文件

（6）安装打包文件至工具条。双击打包后生成的文件，系统将提示"是否要安装到'我的 App'？"。选择"安装"，文件将安装到 MATLAB 工具条上，选择"取消"则不会安装该程序，如图 8-10 所示。

图 8-10　安装打包文件到工具条

8.2　Application Compiler 打包文件

（1）在 App 工具条右边的下拉菜单中找到"应用程序部署"下面的"Application Compiler"，单击图标进入"Application Compiler"界面，如图 8-11～图 8-13 所示。

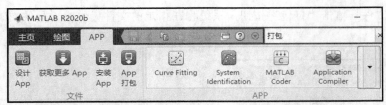

图 8-11　选择右边的下拉菜单

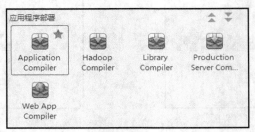

图 8-12　找到 Application Compiler

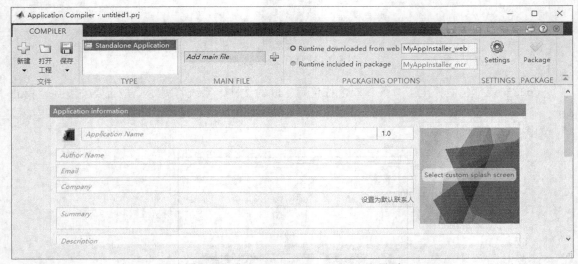

图 8-13　进入"Application Compiler"界面

（2）单击 Add main file 右边的加号按钮添加主文件，如图 8-14 所示。

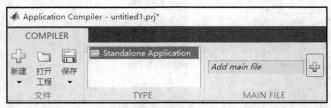

图 8-14　添加主文件

（3）描述 App。可以根据提示添加作者名称、电子邮件、公司、摘要、说明等信息。也可以单击"Select custom splash screen"，选择自己想要添加的图片。

（4）设置。当选择了主文件后，系统将默认 App 名字为主文件名。如果要修改名字，名字中可以使用英文字符、数字、下划线等，不能使用中文字符。

App 描述及文件名设置如图 8-15 所示。

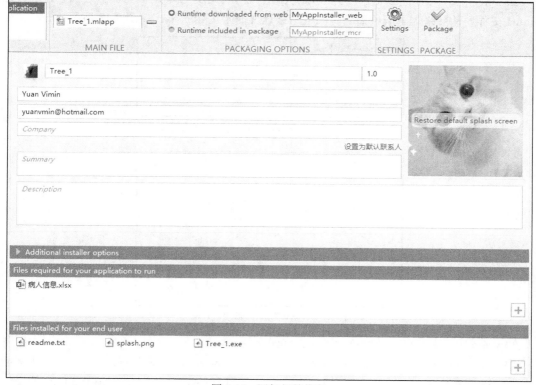

图 8-15 添加相关信息

（5）打包方式选择。MATLAB 在这里提供了两种打包方式：Runtime downloaded from web 和 Runtime included in package，如图 8-16 所示。

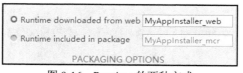

图 8-16 Runtime 的两种方式

MATLAB 打包后生成的 EXE 可执行文件如果要在其他计算机上运行，需要安装 MATLAB Runtime 软件，所以在打包文件时需要选择 Runtime downloaded from web 或者 Runtime included in package。

Runtime downloaded from web：表示从网络上下载 MATLAB Runtime 软件。在运行 EXE 文件时，如果计算机没有安装相应的 MATLAB Runtime 软件，此时计算机需要联网，系统将从网络上下载 MATLAB Runtime 软件。

Runtime included in package：表示生成的安装包包含了 MATLAB Runtime 软件。在打包时，保持计算机网络畅通，MATLAB 会从网络上下载 MATLAB Runtime 软件，下载完成后自动打包 EXE 文件。

MATLAB Runtime 软件的大小约为 1GB，这个额外的安装包会导致生成的 EXE 文件使用起来非常占用空间，不像 Visual Studio 等软件生成的 EXE 文件那么小巧。

Runtime included in package 将提示是从网络上下载还是在本地计算机上查找已经下载过的 Runtime 文件，从网络上下载所需的时间视网络速度而定，如图 8-17、图 8-18 所示。

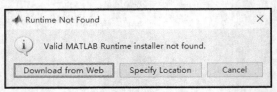

图 8-17　Runtime included in package 打包

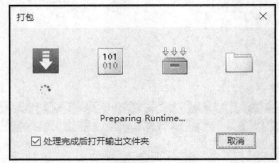

图 8-18　从网络上下载 Runtime

打包完成后，系统自动弹出包含相关文件的文件夹。

（1）for_redistribution 文件夹：该文件夹包含 MyAppInstaller_web.exe 文件，用于安装应用程序 MATLAB Runtime。该文件夹一般共享给未安装 MATLAB 以及 MATLAB Runtime 的用户。

（2）for_redistribution_files_only 文件夹：该文件夹内包含无须安装可直接运行的应用程序。该文件夹一般共享给安装了 MATLAB 或 MATLAB Runtime 的用户。

（3）for_testing 文件夹：该文件夹包含测试应用程序的所有文件，包括二进制文件、JAR 文件、头文件和源文件。

（4）PackagingLog.html 文件：MATLAB 编译器生成的日志文件。

第 3 篇 专题讨论

第 3 篇分为 4 章内容进行专题讨论，包括在 App Designer 和 GUI 编程中容易出现的中文乱码问题、数据类型转换、GUI 数据传递、TeX 和 LaTeX 文本解释器以及如何生成可执行程序等内容。

本篇主要对 App Designer 和 GUI 编程中遇到的一些问题和难点内容进行专题介绍，以使读者快速掌握 App Designer 和 GUI 编程中常见问题的排除方法。

第 9 章　GUI 编写出现乱码的解决方法

在 GUI 的编写过程中，可能会出现中文注释或文字出现乱码的情况，MATLAB 官方暂未给出解决方案。出现乱码情况后，应冷静处理，不要关闭相关文件，不要关闭 MATLAB，不要试着撤销出现乱码后的操作或试着恢复到出现乱码前。下面介绍几种解决方案，它们不一定全部适用，但是可以通过这些方案尝试恢复。

9.1　备份系统配置文件

在 MATLAB 安装完，试运行正常后，先备份以下文件夹中的文件：C:\Users\Administrator（当前的用户名）\AppData\Local\MathWorks 文件夹。

在 GUIDE 环境中，若因修改界面或不知名原因，中文字体变为乱码，而且不能撤销，则需要删除系统盘中相应的文件，一般为 C:\Users\Administrator（当前的用户名）\AppData\Local\MathWorks 文件夹，将备份的文件复制至该位置。Administrator 是当前计算机的用户名，每个人设置的用户名可能不一样。

9.2　选用兼容的中文字体

可以在使用前选用兼容的中文字体，设置方法为："主页"→"预设"→"字体"→选择相应的字体。

本例采用的是系统默认字体 Monospaced。也有人说 consolas-with-yahei bold nerd font、YAHEI CONSOLAS HYBRID 两种字体的中英文兼容较好，可以下载安装。安装时右键单击该字体，选择"为所有用户安装(A)"选项，如图 9-1 所示。

字体选定后不要轻易改变字体，否则也可能会导致已经写好的GUIDE 文件出现乱码。对于这个问题，MATLAB 官方还没有明确的解决方案。

图 9-1　安装字体

9.3　将计算机区域格式修改为中文

依次通过"设置"→"时间和语言"即可找到修改区域格式，将区域格式修改为中文简体，如图 9-2、图 9-3 所示。

或者在 Windows 左下角徽标旁边的搜索栏中输入"区域设置"，找到"区域设置"选项后，单击鼠标左键进入设置，如图 9-4、图 9-5 所示。

图 9-2　"时间和语言"选项

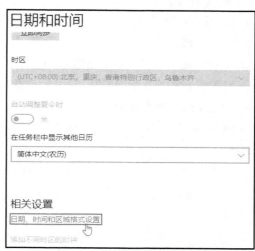

图 9-3　"日期和时间"区域格式设置

图 9-4　查找"区域设置"

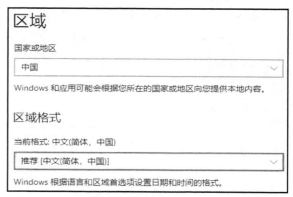

图 9-5　设置区域格式

9.4　使用 ASCII 码表示中文字符

　　MATLAB 可以将字符转换为 ASCII 码，也可以将 ASCII 码转换为字符。采用 ASCII 码替代中文字符，可以在很大程度上避免脚本文件中出现乱码。本节内容将以实例方式介绍在 GUI 编写过程中，如何采用 ASCII 码来避免中文字符乱码。

在 GUIDE 环境中画一个普通按钮（PushButton），调整按钮大小、字体等，进入回调 push button1_Callback，增加下面的代码。

```
set(handles.pushbutton1,'String',char([20320,21333,20987,
20102,25105,33]));
```

运行并单击按钮，效果如图 9-6 所示。

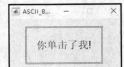

图 9-6　运行程序

将要显示的中文字符使用 double 函数转换为 ASCII 值，这是在代码编写的准备阶段就要完成的。

```
>> str=double('你单击了我!')
str =      20320      21333      20987      20102      25105      33
```

然后复制输出的数组，粘贴到 char() 函数中，添加 [] 转换。

```
char([20320,21333,20987,20102,25105,33])
```

或者

```
char([20320 21333 20987 20102 25105 33])
```

数据之间可用逗号隔开，用空格隔开亦可。

9.5　使用代码和 ASCII 码编写 GUI

用 MATLAB 编写 GUI，有一种万能的方法，那就是全部使用代码编写。这种编写方法适用性非常强。由于这样编写生成的是基于 .m 文件的脚本文件，所以任何版本的 MATLAB 都不会出现错误。这种编写方法结合"使用 ASCII 码表示中文字符"的方法，非常可靠。但是该方法并没有像 GUIDE 和 App Designer 那样流行起来，因为它需要用户熟知每种组件的编写代码和属性，不如直接在画布上拖放组件直观、快捷。

比如下面一段代码就展示了按钮的编写。

```
str = '<html>你单击了我, <br>还一笑而过</html>';
uicontrol('Style', 'pushbutton', 'Units', 'normalized', 'FontSize', 12,...
          'position', [0.3 0.7 0.3 0.2], 'string', str);
```

运行程序如图 9-7 所示。

图 9-7　运行程序

第 10 章　数据类型及数据类型转换

MATLAB 常用的数据类型有数值型数据、字符串、元胞数组、结构体、表格、函数句柄等。其中数值型又包括双精度浮点型、单精度浮点型、整数类型；整数类型又包括 int8（8 位有符号整数数组）、uint8（8 位无符号整数数组，前缀 u 表示 unsigned）、int16、uint16、int32、uint32、int64、uint64。无论是在 GUI 还是在程序编写界面中进行数据类型转换都是非常有用的。本章介绍几种常用的数据类型，并对这些数据类型的相互转换进行图示和实例讲解。

10.1　数据类型及说明

数据类型及说明见表 10-1。

表 10-1　　　　　　　　　　　　　数据类型及说明

数据类型	说明
double	双精度数组。 语法：Y=double(X) 说明：将 X 中的值转换为双精度浮点型
single	单精度数组。 语法：Y=single(X) 说明：将 X 中的值转换为单精度浮点型
int8	8 位有符号整数数组。 语法：Y=int8(X) 说明：将 X 中的值转换为 int8 类型。超出范围[−2^7,2^7−1]的值映射到最近的端点
int16	16 位有符号整数数组。 语法：Y=int16(X) 说明：将 X 中的值转换为 int16 类型。超出范围[−2^15,2^15−1]的值映射到最近的端点
int32	32 位有符号整数数组。 语法:Y=int32(X) 说明:将 X 中的值转换为 int32 类型。超出范围[−2^31,2^31−1]的值映射到最近的端点
int64	64 位有符号整数数组。 语法：Y=int64(X) 说明：将 X 中的值转换为 int64 类型。超出范围[−2^63,2^63−1]的值映射到最近的端点

续表

数据类型	说明
uint8	8 位无符号整数数组。 语法：Y=uint8(X) 说明：将 X 中的值转换为 uint8 类型。超出范围[0,2^8−1]的值映射到最近的端点
uint16	16 位无符号整数数组。 语法：Y=uint16(X) 说明：将 X 中的值转换为 uint16 类型。超出范围[0,2^16−1]的值映射到最近的端点
uint32	32 位无符号整数数组。 语法:Y=uint32(X) 说明:将 X 中的值转换为 uint32 类型。超出范围[0,2^32−1]的值映射到最近的端点
uint64	64 位无符号整数数组。 语法：Y=uint64(X) 说明：X 中的值转换为 uint64 类型。超出范围[0,2^64−1]的值映射到最近的端点

10.2　数据类型转换函数

数据类型转换包括数值数组、字符数组、元胞数组、结构体或表格之间的转换，有 38 种，如表 10-2～表 10-7 所示。

表 10-2　　　　　　　　　　　　数值和文本的相互转换

序号	函数	功能	序号	函数	功能
1	string	将 char、元胞数组、分类数组、数值数组、datetime 数组、逻辑数组转换为字符串数组。转换的缺失值，如 NaN、NaT 和<undefined>分类值，显示为<missing>	6	num2str	将数字转换为字符数组
2	int2str	将整数转换为字符	7	str2double	将字符串转换为双精度值
3	char	将 string、数值数组、字符向量元胞数组、分类数组、datetime 数组转换为字符数组。转换的缺失值，如 NaN、NaT 和 <undefined> 分类值，显示为<missing>	8	native2unicode	将数值字节转换为 Unicode 字符表示形式
4	mat2str	将矩阵转换为字符	9	str2num	将字符数组或字符串转换为数值数组
5	cellstr	将 string、字符数组、分类数组、datetime 数组类型转换为字符向量元胞数组	10	unicode2native	将 Unicode 字符表示形式转换为数值字节

表 10-3 　　　　　　　　　十六进制和二进制值的相关转换

序号	函数	功能	序号	函数	功能
1	base2dec	将以 N 为基数表示的数字转换为十进制数字	5	dec2base	将十进制数字转换为以 N 进制数表示的字符数组
2	dec2hex	将十进制数字转换为表示十六进制数字的字符数组	6	hex2num	将 IEEE 十六进制格式的数字转换为双精度数
3	bin2dec	将用文本表示的二进制数字转换为十进制数字	7	dec2bin	将十进制数字转换为以二进制数表示的字符数组
4	hex2dec	将用文本表示的十六进制数字转换为十进制数字	8	num2hex	将单精度数和双精度数转换为 IEEE 十六进制格式

表 10-4 　　　　　　　　　日期和时间的相关转换

序号	函数	功能	序号	函数	功能
1	datetime	转换为表示时间点的数组	4	cellstr	转换为字符向量元胞数组
2	duration	转换为长度单位固定的时间长度	5	char	转换为字符数组
3	string	转换为字符串数组			

表 10-5 　　　　　　　　　分类数组、表和时间表的相关转换

序号	函数	功能	序号	函数	功能
1	categorical	创建分类数组	6	table2struct	将表转换为结构体数组
2	table2array	将表转换为同构数组	7	struct2table	将结构体数组转换为表
3	array2table	将同构数组转换为表	8	array2timetable	将同构数组转换为时间表
4	table2cell	将表转换为元胞数组	9	timetable2table	将时间表转换为表
5	cell2table	将元胞数组转换为表	10	table2timetable	将表转换为时间表

表 10-6 　　　　　　　　　元胞数组和结构体数组的相关转换

序号	函数	功能	序号	函数	功能
1	cell2mat	将元胞数组转换为基础数据类型数据组成的普通数组	4	struct2cell	将结构体数组转换为元胞数组
2	num2cell	将数组转换为相同大小的元胞数组	5	mat2cell	将数组转换为在元胞中包含子数组的元胞数组
3	cell2struct	将元胞数组转换为结构体数组			

表 10-7 　　　　　　　　　字符串数组和字符数组的相关转换

序号	函数	功能
1	convertStringsToChars	将字符串数组转换为字符数组，其他数组不变
2	convertCharsToStrings	将字符数组转换为字符串数组，其他数组不变

下面介绍几种常用的数据类型转换函数，见表 10-8。

表 10-8　　　　　　　　　　　　　　　　　　数据类型转换函数

函数	说明
char	转换为字符数组。 C=char(A) 将数组 A 转换为字符数组。输入数组 A，指定为数值数组、字符数组、字符向量元胞数组、分类数组或字符串数组。 C=char(A1,…,An) 将数组 A1 ,…, An 转换为单个字符组成的数组。转换为字符后，输入数组变为 C 中的行。char 函数会根据需要使用空格填充行。如果任何输入数组是空字符数组，则 C 中相应的行是一行空格。 输入数组 A1 ,…, An 不能是字符串数组、元胞数组或分类数组。 A1 ,…, An 可以有不同的大小和形状。 C=char(D) 以 D 的 Format 属性指定的格式将日期时间、持续时间或日历持续时间数组转换为单个字符组成的数组。输出的每行中都包含一个日期或持续时间。 C=char(D,fmt) 以指定的格式（如'HH:mm:ss'）表示日期或持续时间。 C=char(D,fmt,locale) 以指定的区域设置（如'en_US'）表示日期或持续时间。区域设置会影响用于表示字符向量（如月和日期名称）的语言
cellstr	转换为字符向量元胞数组。 C=cellstr(A) 将 A 转换为字符向量元胞数组。输入数组 A 可以是字符数组或分类数组，从 MATLAB R2016b 开始也可以是字符串数组。 C=cellstr(D) 以 D 的 Format 属性指定的格式将日期时间、持续时间或日历持续时间数组转换为字符向量元胞数组。输出与 D 具有相同的维度。 C=cellstr(D,fmt) 以指定的格式表示日期或持续时间。例如，cellstr(D,'HH:mm:ss')表示 D 的每个元素的对应时间。 C=cellstr(D,fmt,locale) 以指定的区域设置表示日期或持续时间。例如，cellstr(D,'dd-MMM- yyyy','en_US')使用 en_US 区域设置表示 D 的每个元素的对应日期。区域设置会影响用于表示字符向量（如月和日期名称）的语言
int2str	将整数转换为字符。 chr=int2str(N) 将 N 视为整数矩阵，并将其转换为表示整数的字符数组。如果 N 包含浮点值，int2str 会在转换之前对这些值进行舍入
mat2str	将矩阵转换为字符。 chr=mat2str(X) 将数值矩阵 X 转换为表示矩阵的字符向量，精度最多 15 位。 可以使用 chr 作为 eval 函数的输入参数。例如，A=eval(chr) 按 chr 中指定的精度重新生成原始矩阵中的值。 chr=mat2str(X,n)则将 X 转换为 n 位精度的值。 chr=mat2str(___,'class')，chr 中包含 X 的类名或数据类型。可以将此语法与前面语法中的任何参数结合使用。 如果使用此语法生成 chr，则 A=eval(chr) 也会以相应的数据类型重新生成原始矩阵
num2str	将数字转换为字符数组。 s=num2str(A) 将数值数组转换为表示数字的字符数组。输出格式取决于原始值的量级。num2str 对使用数值为所绘图表添加标签和标题非常有用。

函数	说明
num2str	s=num2str(A,precision) 返回表示数字的字符数组，最大有效位数由 precision 指定。 s=num2str(A,formatSpec) 将 formatSpec 指定的格式应用到 A 的所有元素
str2double	将字符串转换为双精度值。 X=str2double(str) 将 str 中的文本转换为双精度值。str 包含表示实数或复数值的文本。str 可以是字符向量、字符向量元胞数组或字符串数组。如果 str 是字符向量或字符串标量，则 X 是数值标量。如果 str 是字符向量元胞数组或字符串数组，则 X 是与 str 具有相同大小的数值数组。 表示数值的文本可以包含数字、逗号（千位分隔符）、小数点、前导+或−符号、以 10 为缩放因子的幂前面的 e 以及复数单位的 i 或 j。不能使用句点作为千位分隔符或使用逗号作为小数点。 如果 str2double 不能将文本转换为数值，将返回 NaN 值
str2num	将字符数组或字符串转换为数值数组。 X=str2num(chr) 将字符数组或字符串标量转换为数值矩阵。输入参数可以包含空格、逗号和分号，以指示单独的元素。如果 str2num 不能将输入的内容解析为数值，则返回空矩阵。 str2num 函数不转换元胞数组或非标量字符串数组，并且对"+"和"−"运算符前后的空格敏感。此外，str2num 使用 eval 函数，当输入参数包含函数名称时，此函数可能会产生意外的副作用。为了避免这些问题，可使用 str2double。 [X,tf]=str2num(chr) 还返回第二个输出参数，如果 str2num 成功转换 chr，则返回 1(true)，否则，返回 0(false)
convertCharsToStrings	MATLAB R2021b 版新增函数。将字符数组转换为字符串数组，其他数组不变。 处理自己的代码时，可以使用 convertCharsToStrings 使代码接受字符数组。这样将无须再对编写的代码进行任何其他更改，即可使用字符串数组。 如果 A 是字符数组或字符向量元胞数组，B = convertCharsToStrings(A) 会将 A 转换为字符串数组；如果 A 包含其他任何数据类型，则 convertCharsToStrings 会按原样返回 A。 [B1,···,Bn] = convertCharsToStrings(A1,···,An) 将 A1,···,An 中的任何字符数组或字符向量元胞数组转换为字符串数组，然后返回它们，作为 B1,···,Bn 中对应的输出参数。如果 A1,···,An 的任何参数包含其他任何数据类型，则 convertCharsToStrings 会按原样返回这些数据
convertStringsToChars	MATLAB R2021b 版新增函数。将字符串数组转换为字符数组，其他数组不变。 处理自己的代码时，可以使用 convertStringsToChars 使代码接受字符串数组。这样无须再对编写的代码进行任何其他更改，即可使用字符数组。 如果 A 是字符串数组，B = convertStringsToChars(A) 会将 A 转换为字符向量或字符向量元胞数组，否则，convertStringsToChars 将按原样返回 A。 [B1,···,Bn] = convertStringsToChars(A1,···,An) 将 A1,···,An 中的任何字符串数组转换为字符向量或字符向量元胞数组，然后返回它们，作为 B1,···,Bn 中对应的输出参数。如果 A1,···,An 的任何参数包含其他任何数据类型，则 convertStringsToChars 会按原样返回这些数据

当然也可以直接通过 Y=double(X)，将不同数据类型（如 single 或 int8）的数组用 double 函数转换为双精度，然后以更高的精度存储数组以供进一步计算。

同样可以通过 Y=single(X)，将不同数据类型（如 double 或 int8）的数组用 single 函数转换为单精度。

10.3　数据类型转换函数的总结及示例

前文已经初步讲解了数据类型转换，下面将总结常用的数据转换函数，并进行示例，以便读者更好地理解。常用数据转换函数解释及示例见表 10-9。

表 10-9　常用数据转换示例

转换前数据类型	函数	转换后数据类型	解释	示例
整数数值数组	char（转换为字符数组）	Unicode 表示的字符数组（可打印的 ASCII 字符）	从 32 到 127 的整数对应可打印的 ASCII 字符。从 0 到 65 535 的整数还对应着 Unicode 字符。可以使用 char 函数将整数转换为对应的 Unicode 表示形式	>> C = char([77 65 84 76 65 66]) C = 'MATLAB' >> C = char(20001) C = '两' >> C = char(20001.6) C = '两'
双引号字符串标量		单引号字符向量	输入数组类型为 string。输入数组的每个元素都成为新字符数组中的一行，并会根据需要自动填充空格。如果 A 为空，即""，则输出一个空字符数组，即 0×0 字符向量	>> C = char("MATLAB") C = 'MATLAB'
字符向量元胞数组		字符数组	如果输入的是字符向量元胞数组或 categorical 数组，char 函数将其转换为字符数组。输入数组中每个元素的每行都成为新字符数组中的一行，并会根据需要自动填充空格	>> char({'foo','bar'}) ans = 　2×3 char 数组 　'foo' 　'bar'
分类数组				>> c = categorical(1:3,1:3,{'small', 'medium', 'large'}); char(c) ans = 　3×6 char 数组 　'small ' 　'medium' 　'large '

转换前数据类型	函数	转换后数据类型	解释	示例
datetime 数组	char（转换为字符数组）	日期	转换为指定的日期格式	>> char(datetime(2020,13,25)) ans = 　　'2021-01-25'
双引号字符串数组（array）	cellstr（转换为字符向量元胞数组）	字符向量元胞数组	将每个元素转换为字符向量，并将其赋给某个元胞。 如果 A 为空，即""，输出包含一个空字符数组（即 0×0 字符向量）的元胞	>> C = cellstr(["I","Love","You"]) C = 1×3 cell 数组 {'I'}　{'Love'}　{'You'}
单引号字符数组（维度一样）			将输入的每行赋给一个元胞。cellstr 删除每行尾部的空白字符，但实义空白字符除外，如不间断空白字符。 结尾添加空格，使每行的长度相同，否则提示"要串联的数组的维度不一致"	>> C = cellstr(['I ';'Love';'You ']) C = 3×1 cell 数组 　{'I'　　} 　{'Love'} 　{'You' }
数值数组字符			无	>> A = int2str([1 2 3;4 5 6]) B = cellstr(A) A = 2×7 char 数组 　'1　2　3' 　'4　5　6' B = 2×1 cell 数组 　{'1　2　3'} 　{'4　5　6'}
分类数组			将输入数组的每个元素转换为一个字符向量，并将该向量赋给新元胞数组中的一个元胞	>> c = categorical(1:3,1:3,{'small','medium','large'}); cellstr(c) ans = 　1×3 cell 数组 　{'small'} {'medium'}　{'large'}
datetime 数组			转换为指定的日期格式	>> cellstr(datetime(2020,13,30)) ans = 　1×1 cell 数组 　　{'2021-01-30'}

转换前 数据类型	函数	转换后 数据类型	解释	示例
数值	int2str （将整 数转换 为字符）	整数的 字符	int2str(N)将 N 视为整数矩阵，并将其转换为表示整数的字符数组。如果 N 包含浮点值，int2str 会在转换之前对这些值进行舍入	>> int2str(8+256) ans = '264' >> int2str(8.256) ans = '8'

数值矩阵
（matrix）
		整数的字
		符数组
				>> int2str([8 256;12 512])
				
				ans =
				
				  2×7 char 数组
				
				  ' 8 256'
				
				  '12 512'

数值矩阵	mat2str （将矩阵 转换为 字符）	字符向量	将数值矩阵转换为表示矩阵的字符向量，精度最多 15 位。 设置小数位数，为五舍六入	>> mat2str([3.141;1.414]) ans = '[3.141;1.414]' >> mat2str([3.16;1.45],2) ans = '[3.2;1.4]'
数值数组	num2str （将数字 转换为字 符数组）	表示数 字的字 符数组	num2str 对使用数值为所绘图表添加标签和标题非常有用。 如果对整数值应用文本转换（%c 或%s），MATLAB 会将与有效字符代码对应的值转换为字符。例如，'%s'将[65 66 67]转换为 ABC	>> num2str(3.1415926) ans = '3.1416' >> s = num2str(pi,'%10.5e\n') s = '3.14159e+00' >> s = num2str(65,'%s\n') s = 'A'
表示数值 的字符向 量或字符 串标量	str2double （将字符 串转换 为双精 度值）	数值标量	X=str2double(str)将 str 中的文本转换为双精度值。str 包含表示实数或复数值的文本。str 可以是字符向量、字符向量元胞数组或字符串数组。如果 str 是字符向量或字符串标量，则 X 是数值标量。如果 str 是字符向量元胞数组或字符串数组，则 X 是与 str 具有相同大小的数值数组。	>> str2double('2.998e4') ans = 29980 >> str2double('1,234.56') ans = 1.2346e+03
表示数值 的字符串 数组、字 符向量元 胞数组		大小相 同的数 值数组	表示数值的文本可以包含数字、逗号（千位分隔符）、小数点、前导+或−、以 10 为缩放因子的幂前面的 e 以及复数单位的 i 或 j。不能使用句点作为千位分隔符或使用逗号作为小数点。 如果 str2double 不能将文本转换为数值，则它将返回 NaN 值。 数组只能是单个数字字符组成的： {'2.718','3.1416';'137','0.015'}	>> str2double({'2.718','137'}) ans = 2.7180 137.0000

续表

转换前数据类型	函数	转换后数据类型	解释	示例
表示数值的字符串数组、字符向量元胞数组	str2double（将字符串转换为双精度值）	大小相同的数值数组	不能是：'1　2　3' 也不能是：{'[1 2 3]'} 方括号连接字符后，将结果转为数值 >> str2double(['1' '2' '3' '4'])+3 ans = 1237	>> str2double({'2.718','137'}) ans = 2.7180　137.0000
表示数字的字符数组或字符串标量	str2num（将字符数组或字符串转换为数值数组）	数值矩阵	输入可以包含空格、逗号和分号，以指示单独的元素。如果 str2num 不能将输入的内容解析为数值，则返回空矩阵。 str2num 函数不转换元胞数组或非标量字符串数组，并且对+和−运算符前后的空格敏感	>> 2000+str2num('21') ans = 2021 >> 2+str2num('108e-1 56e-2; 10.8 510') ans = 　12.8000　　2.5600 　12.8000　512.0000
包含 true 和 false 的字符向量		逻辑数组	如果 str2num 成功转换字符向量，返回 1（true），否则返回 0（false）	>> str2num('false true false') ans = 1×3 logical 数组 　0　1　0
元胞数组	cell2mat（将元胞数组转换为基础数据类型的普通数组）	普通数组	元胞数组元素的数据类型必须相同，并且生成的数组的元素也全是该数据类型。 数值数组可以通过 num2cell 转换回元胞数组	>> A=int2str([1 2 3;4 5 6]); B = cellstr(A); C = cell2mat(B) D = str2num(C) C = 2×7 char 数组 　'1　2　3' 　'4　5　6' D = 　1　　2　　3 　4　　5　　6
数组	num2cell（将数组转换为相同大小的元胞数组）	相同大小的元胞数组	通过将数组的每个元素放置于转换结果的一个单独的元胞中，来将数组转换为元胞数组。 数值数组可以通过 cell2mat 转换回 mat 数组	>> A=num2cell([1 2 3;4 5 6]) B = cell2mat(A) A = 2×3 cell 数组 　{[1]}　　{[2]}　　{[3]} 　{[4]}　　{[5]}　　{[6]} B = 　1　　2　　3 　4　　5　　6

转换前 数据类型	函数	转换后 数据类型	解释	示例
字符向量 char 类型	string(A) （转换为 字符串数 组）	字符串 标量	string(A)。 每行都变为一个字符串标量。 如果 A 为空，即''，则输出为""， 即不包含字符的字符串标量	>> string('I LOVE U') ans = "I LOVE U"
字符向量 元胞数组		字符串 数组	元胞数组的每个元素必须都可以 转换为 1×1 字符串	>> string({520,'I','LOVE','U'}) ans = 　1×4 string 数组 　　"520"　"I"　"LOVE"　"U"
分类数组		字符串	输出字符串对应 A 的每个元素的 类别名称	c　=　categorical(1:3,1:3,{'small', 'medium','large'}); string(c) ans = 　1×3 string 数组 "small"　"medium"　"large"
数值数组		字符串 数组	输出格式和精度等效于使用 compose 的%g。 如果 A 为空，即[]，输出 0×0 空 字符串数组。 使用 char 转换为 ASCII 或 Unicode 点	>> string([137 3.1e-3 8.5e-6]) ans = 　1×3 string 数组 "137"　　"0.0031"　　"8.5e-06" >> string([65 66]) ans = 　1×2 string 数组 "65"　　"66" >> str2double(string([65 66]))+2 ans = 67　　68
datetime 数组		日期字 符串	需要指定格式和进行区域设置， 区域默认为系统设置的区域，如 中国	>> string(datetime(2021,10,1)) ans = 　"2021-10-01"
逻辑数组		逻辑字 符串	logical 函数不接受字符串输入， 因此转换是单向的	>> string(logical([0 1])) ans = 　1×2 string 数组 　　"false"　　"true"

　　要将字符串数组转换为数值数组，可使用 double 函数。也可以使用 str2double 函数，其输入参数可能是字符串数组、字符向量或字符向量元胞。

　　下面给出了几种常用的数据转换函数之间的关系。

10.3.1　ASCII 字符与数值间的转换

数值、数组、矩阵与 ASCII 间的转换函数如图 10-1 所示。

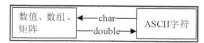

图 10-1　数值、数组、矩阵与 ASCII 字符间的转换

示例：见表 10-9 中 char（转换为字符数组）。

10.3.2　表示数值的文本与数值间的转换

单一数值与表示数值的文本、非数组或者矩阵之间的转换函数如图 10-2 所示。

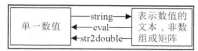

图 10-2　单一数值与表示数值的文本、非数组或矩阵间的转换

示例：

```
>> A=string(5)
B=eval(A)+1
C=str2double(A)+2


A =       " 5 "
B =       6
C =       7
```

10.3.3　表示数值数组的文本与数值间的转换

数值数组与字符串数组、字符向量元胞数组间的转换函数如图 10-3 所示。

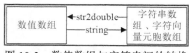

图 10-3　数值数组与字符串间的转换

示例：

```
>> A=string([77 65 84 76 65 66])
B=str2double(A)
C=string(B)
```

```
A =

  1×6 string 数组

    " 77 "    " 65 "    " 84 "    " 76 "    " 65 "    " 66 "

B =

    77    65    84    76    65    66

C =

  1×6 string 数组

 " 77 "      " 65 "      " 84 "      " 76 "      " 65 "      " 66 "
```

对于通过其他方式转换的数字文本字符，使用 str2double 应注意区分。

```
>> str2double(['1' '2' '3' '4'])

ans =        1234
```

上面的程序表示，方括号将括号内的字符转义为相连，即['1' '2' '3' '4']= ['1234']，然后 str2double 将['1234']转换为数值 1234。

```
>> str2double(['1','2';'3','4'])

ans =        1324
```

同样，上面的程序表示，方括号将括号内的字符转义为相连，即['1','2';'3','4']= ['12';'34']，然后 str2double 将['12';'34']按照矩阵组合顺序连接为 1324 后转换为数值 1324。如果是元胞数组，则不会出现 str2double 将字符组合的情况，如下所示。

```
>> A=cellstr(['1','2';'3','4'])
B=cellstr(['1' '2';'3' '4'])
C=str2double(A)


A =

  2×1 cell 数组

    {'12'}

    {'34'}

B =

  2×1 cell 数组

    {'12'}

    {'34'}

C =

    12

    34
```

10.3.4　表示数值数组的文本与数值数组间的转换

下面介绍字符数组、数值数组、元胞数组之间的转换，如图 10-4 所示。注意矩阵与单个数值之间是有区别的。

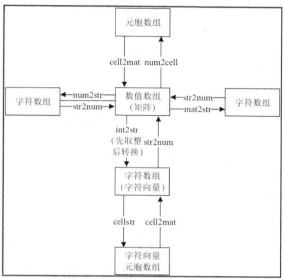

图 10-4　表示数值数组的文本与数值数组间的转换

示例如下。

（1）num2cell 与 cell2mat。

```
>> A=num2cell([1 2 3;4 5 6])
B=cell2mat(A)
C=num2cell(B)


A =

 2×3 cell 数组

   {[1]}    {[2]}    {[3]}

   {[4]}    {[5]}    {[6]}
B =

    1    2    3

    4    5    6
C =

 2×3 cell 数组

   {[1]}    {[2]}    {[3]}

   {[4]}    {[5]}    {[6]}
```

（2）mat2str 与 str2num。

```
>> A=mat2str([1 2 3;4 5 6])
B=str2num(A)
C=mat2str(B)


A =

    '[1 2 3;4 5 6]'
B =

    1    2    3
    4    5    6
C =

    '[1 2 3;4 5 6]'
```

（3）int2str 与 str2num。

```
>> A=int2str([1 2 3;4 5 6])
B=str2num(A)
C=int2str(B)
A =

  2×7 char 数组

    '1  2  3'

    '4  5  6'
B =

    1    2    3
    4    5    6
C =

  2×7 char 数组

    '1  2  3'

    '4  5  6'
```

（4）cellstr 与 cell2mat。

```
>> A=int2str([1 2 3;4 5 6])
B=cellstr(A)
C=cell2mat(B)
D=str2num(C)


A =
```

```
   2×7 char 数组

    '1 2 3'

    '4 5 6'
B =

   2×1 cell 数组

    {'1 2 3'}

    {'4 5 6'}
C =

   2×7 char 数组

    '1 2 3'

    '4 5 6'
D =

    1    2    3

    4    5    6
```

（5）num2str 与 str2num。

```
>> A=[1 2 3;4 5 6]
B=num2str(A)
C=str2num(B)


A =

    1    2    3

    4    5    6
B =

   2×7 char 数组

    '1 2 3'

    '4 5 6'
C =

    1    2    3

    4    5    6
```

第 11 章　GUI 中的数据传递

MATLAB 中无论是.m 文件还是 GUI 回调函数,大多数情况下,在函数内创建的变量是仅可在该函数内识别的局部变量。局部变量不能用在命令行中,也不适用于其他任何函数。在需要进行数据传递时,可以通过多种方式在函数或工作区之间共享数据。

11.1　在工作区之间共享数据

在工作区之间共享数据可以通过传递参数、嵌套函数、定义持久变量和全局变量等方法实现。本节介绍如何在工作区之间共享变量或如何使它们适用于多个函数。

11.1.1　最佳做法——传递参数

扩大函数变量作用域的最安全的方式是使用函数输入和输出参数,这样可以传递变量的值。

例如,创建两个函数 update1 和 update2,它们共享和修改输入值。update2 可以是文件 update1.m 中的局部函数,也可以是它自己的文件 update2.m 中的函数。

```
function y1 = update1(x1)
  y1 = 1 + update2(x1);
function y2 = update2(x2)
  y2 = 2 * x2;
```

从命令行调用 update1 函数,并给基础工作区中的变量 *Y* 赋值。

```
X = [1,2,3];
Y = update1(X)
Y =

    3    5    7
```

11.1.2　嵌套函数

嵌套函数可以访问其所在的所有函数的工作区。所以,嵌套函数可以使用在其父函数中定义的变量(在本例中为 *x*)。

```
function primaryFx
  x = 1;
```

```
nestedFx

    function nestedFx
        x = x + 1;
    end
.end
```

如果父函数不使用指定变量，变量始终为嵌套函数的局部变量。例如，在该版本的 primaryFx 中，以下两个嵌套函数都拥有自己不能彼此交互的 x 版本。

```
function primaryFx
    nestedFx1
    nestedFx2

    function nestedFx1
        x = 1;
    end

    function nestedFx2
        x = 2;
    end
end
```

11.1.3　持久变量

如果将函数内的变量声明为持久变量，则从一个函数调用转到下一个函数调用时，变量会保留其值，其他局部变量仅在当前函数执行期间保留它们的值。持久变量等效于其他编程语言中的静态变量。

要使用 persistent 关键字声明变量之后再使用它们。MATLAB 将持久变量初始化为空矩阵[]。

例如，在名为 findSum.m 的文件中定义一个函数，先将总和值初始化为 0，然后在每次迭代时与该值相加。

```
function findSum(inputvalue)
persistent SUM_X

if isempty(SUM_X)
    SUM_X = 0;
end
SUM_X = SUM_X + inputvalue;
```

调用该函数时，SUM_X 的值在后续执行期间持久保留。

以下操作可清除函数的持久变量。

（1）"clear all"。

（2）"clear functionname"。

（3）编辑函数文件。

要避免清除持久变量，可使用 mlock 锁定函数文件。

11.1.4 全局变量

全局变量是可以从函数或命令行中访问的变量。它们拥有自己的工作区，这些工作区与基础工作区和函数工作区分开。

但是，全局变量具有显著风险。例如：

（1）任何函数都可以访问和更新全局变量，使用此类变量的其他函数可能返回意外结果；

（2）如果无意间提供与现有全局变量同名的"新"全局变量，一个函数可能覆盖另一个函数预期的值，此类错误很难诊断。

用户应尽可能谨慎使用全局变量。如果使用全局变量，可使用 global 关键字声明它们，然后从任何特定位置（函数或命令行）访问它们。例如，在名为 falling.m 的文件中创建一个函数。

```
function h = falling(t)

  global GRAVITY

  h = 1/2*GRAVITY*t.^2;
```

然后在提示符下输入这些命令。

```
global GRAVITY

GRAVITY = 32;

y = falling((0:0.1:5)');
```

通过上述两条全局变量声明语句，可以在函数内使用在命令提示符下赋值给 GRAVITY 的值。但是，更为稳健的做法是重新定义函数以将该值作为输入参数。

```
function h = falling(t,GRAVITY)

  h = 1/2*GRAVITY*t.^2;
```

然后在提示符下输入这些命令。

```
GRAVITY = 32;

y = falling((0:0.1:5)',GRAVITY);
```

11.2 回调函数中的数据传递

除了 11.1 节中介绍的方法适用于 App 编程之外，以下基于 App 进行参数传递的方法将更容易掌握。

App Designer 中的所有回调在函数签名中均要以下输入参数。

（1）app：app 对象。使用此对象访问 App 中的 UI 组件以及存储为属性的其他变量。

（2）event：包含有关用户与 UI 组件交互的特定信息的对象。

App Designer 中的数据传递在某些方面和 GUIDE 环境下 GUI 的数据传递内容一致，主要有以下几种数据传递和共享的方法。

11.2.1　圆点引用法——app.组件.属性值

app 参数为回调提供 app 对象。可以使用以下语法访问任何回调中的任何组件（以及特定于组件的所有属性）。

```
app.Component.Property
```

例如，以下命令将仪表的 Value 属性设置为 50。在此示例中，仪表的名称为 PressureGauge，标签名称为 Label，要将压力表的值显示在标签上。

```
app.PressureGauge.Value = 50;

app.Label.Text = num2str(app.PressureGauge.Value)  % 将压力表的值赋给标签并显示
```

11.2.2　圆点引用法——event.值

event 参数提供具有不同属性的对象，具体取决于正在执行的特定回调。对象属性包含与回调响应的交互类型相关的信息。例如，滑块的 ValueChangingFcn 回调中的 event 参数包含一个名为 Value 的属性。该属性在用户移动滑块时（释放鼠标之前）存储滑块值。以下是一个滑块回调函数，它使用 event 参数使仪表跟踪滑块的值。

```
function SliderValueChanged(app, event)
    latestvalue = event.Value; % 滑块的当前值
    app.PressureGauge.Value = latestvalue;   % 将滑块的值赋给压力表
end
```

11.2.3　声明全局变量

在需要引用变量的几个回调函数中同时定义全局变量。

```
global a b c
```

这样，变量 a、b、c 就可以在几个回调函数中相互引用。全局变量的风险在 11.1 节中已经介绍过。

11.3　App 内创建私有属性或者公共属性共享数据

如果想要共享某个中间结果或多个回调需要访问的数据，则应定义公共属性或私有属性来存储数据。公共属性在 App 内部和外部均可访问，而私有属性只能在 App 内部访问。

11.3.1　创建私有属性和公共属性的方法

代码视图提供了创建属性的多种不同的方法。

（1）单击"编辑器"选项卡中的"属性"按钮，展开下拉菜单，选择"私有属性"或"公共属性"，如图 11-1 所示。

图 11-1　从菜单栏创建"私有属性"和"公共属性"

（2）单击"代码浏览器"中的"属性"选项卡，单击"➕"图标旁的下拉按钮，然后选择"私有属性"或"公共属性"，如图 11-2 所示。

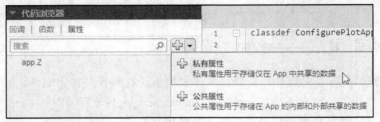

图 11-2　从代码浏览器创建"私有属性"和"公共属性"

在选择用于创建属性的选项后，App　Designer 会在 properties 块中添加一条属性定义和一条注释。

```
properties (Access = public)
        Property % Description
end
```

properties 块是可编辑的，因此可以更改属性的名称并编辑注释，以描述该属性。例如，以下属性存储平均成本值。

```
properties (Access = public)
        X % Average cost
end
```

如果代码需要在 App 启动时访问某个属性值，可以在 properties 块或在 StartupFcn 回调中对其值进行初始化。

```
properties (Access = public)
        X = 5; % Average cost
end
```

在代码的其他位置，使用圆点表示法获取或设置属性的值。

```
y = app.X  % Get the value of X
app.X = 5; % Set the value of X
```

11.3.2　示例：共享绘图数据和下拉列表中的数据

此 App 说明如何共享私有属性和下拉列表中的数据。它有一个名为 "Z" 的私有属性，用于存储绘图数据。编辑字段的回调函数会在用户更改样本大小时更新 Z。Button 按钮的回调函数将获取 Z 的值和颜色图（colormap）选择，以便更新绘图。

具体步骤如下。

（1）设置布局和属性。向画布上拖曳 1 个坐标区（UIAxes）、1 个数值编辑字段（Edit Field）、1 个下拉框（Drop Down）和 1 个按钮（Button）。选中数值编辑字段和下拉框的标签，拖曳到上方；将数值编辑字段的 Value 值设置为 35，将下拉框的 Items 设置为 4×1 的 4 个行向量值[Parula Jet Winter Cool]。调整各组件的相对位置和大小，调整画布大小，如图 11-3 所示。保存程序名为 app_ShareData。

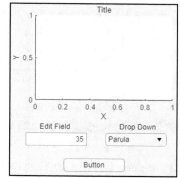

图 11-3　设置布局

（2）添加私有属性。单击"代码视图"，单击"代码浏览器"中的"属性"，然后单击 "➕" 图标旁的下拉按钮，在弹出的菜单中选择"私有属性"，系统将自动在代码中增加私有属性供编辑，如图 11-4 所示。

图 11-4　添加"私有属性"

（3）修改私有属性名称。双击"代码浏览器"的"属性"栏中刚生成的"app.Property"，将名字改为"app.z"，如图 11-5 所示。

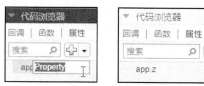

图 11-5　修改私有属性名称

（4）增加函数并修改函数名。单击"代码视图"，单击"代码浏览器"中的"函数"，然后单击"➕"图标旁的下拉按钮，在弹出的菜单中选择"私有函数"，系统将自动在代码中增加私有函数供编辑。双击"代码浏览器"的"函数"栏中刚生成的"func(app)"，将函数名改为

"plotsurface(app)",如图 11-6、图 11-7 所示。

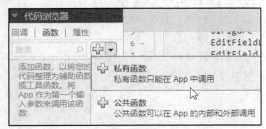

图 11-6　增加函数

图 11-7　修改函数名

（5）添加私有属性和私有函数回调代码，此时该函数获取 Z 的值和下拉框（Drop Down）的值，Button 按钮用该函数更新绘图，如图 11-8 所示。

（6）在"组件浏览器"窗口，右键单击"app_ShareData"，选择"回调"→"添加 StartupFcn 回调"，如图 11-9 所示。同样添加 Button 和 Edit Field 两个组件的回调。添加各回调代码，如图 11-10 所示。

```
properties (Access = private)
    z = peaks(35); % Description
end

methods (Access = private)

    function results = plotsurface(app)
        % Plot z
        surf(app.UIAxes,app.z);
        % Set the colormap
        SD = app.DropDown.Value;
        colormap(app.UIAxes,SD);
    end
end
```

图 11-8　私有属性和私有函数回调

图 11-9　添加 StartupFcn 回调

```
% Code that executes after component creation
function startupFcn(app)
    plotsurface(app);
end

% Button pushed function: Button
function ButtonPushed(app, event)
    plotsurface(app);
end

% Value changed function: EditField
function EditFieldValueChanged(app, event)
    value = app.EditField.Value;
    % Update the Z property
    app.z = peaks(value);
end
```

图 11-10　回调代码

（7）运行。可以通过按 F5 键、单击"编辑器"栏或者顶部"自定义快速访问工具栏"中的"运行"图标来运行程序。系统启动，自动绘图；改变 Edit Filed 的值或 Drop Down 的值，单击 Button 按钮，将更新图形，如图 11-11 所示。

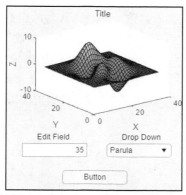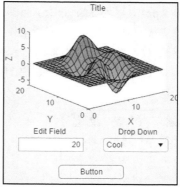

图 11-11 运行程序

11.4 不同 App 之间的数据传递（在多窗口 App 中共享数据）

多窗口 App 由两个或多个共享数据的 App 构成。App 之间共享数据的方式取决于用户的设计。一种常见的设计包含两个 App：1 个主 App 和 1 个对话框。通常，主 App 中有一个按钮用于打开该对话框。当用户关闭对话框时，对话框将用户的选择发送给主窗口，主窗口执行计算并更新 UI，如图 11-12 所示。

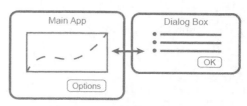

图 11-12 不同窗口之间的交互

这两个 App 在不同的时间通过不同的方式共享信息。

（1）当对话框打开时，主 App 将通过输入参数调用对话框 App，将信息传递给对话框。

（2）当用户单击对话框中的"OK"按钮时，对话框将通过输入参数调用主 App 中的公共函数，将信息返回给主 App。

11.4.1 流程概述

要创建上面描述的 App，必须创建两个单独的 App（主 App 和被调 App），然后执行以下任务。每个任务都包含多个步骤。

（1）将信息发送给对话框。在接受输入参数的被调 App 中编写一个 StartupFcn 回调，其中必须有一个输入参数是主 App 对象，然后在主 App 中使用输入参数调用对话框 App。

（2）将信息返回给主 App。在主 App 中编写一个公共函数，以根据用户在对话框中的选择来更新 UI。由于它是公共函数，因此对话框可以调用它并将值传递给它。

（3）关闭窗口时的管理任务。在两个 App 中各编写一个 CloseRequest 回调，在窗口关闭时执行维护任务。

11.4.2 将信息发送给对话框

执行以下步骤，将值从主 App 传递给对话框 App。

（1）在被调 App 中，为 StartupFcn 回调定义输入参数，然后将代码添加到回调中。打开被调 App 菜单栏的"代码视图"，在"编辑器"选项卡上，单击"App 输入参数"，如图 11-13 所示。在"App 输入参数"对话框中，输入以逗号分隔的变量名称，将其中一个指定为存储主 App 对象的变量，然后单击"确定"按钮，如图 11-14 所示。

图 11-13　单击"App 输入参数"图标

图 11-14　App 输入参数

将代码添加到 StartupFcn 回调中，以存储 Aapp 的值。

```
function startupFcn(app,Aapp,SD,C)
    % Store main app object
    app.CallingApp = Aapp;
    % Process SD and C inputs
    ...
end
```

（2）从主 App 的回调中调用对话框 App。打开主 App 的"代码视图"，然后为"选项"按钮添加一个回调函数，如图 11-15 所示。此回调禁用"选项"按钮，以防止用户打开多个对话框。接下来，它获取要传递给对话框的值，然后通过输入参数和输出参数调用对话框 App。输出参数是被调 App 对象。

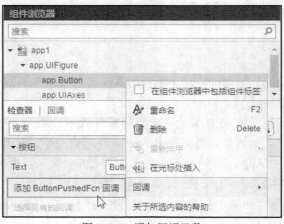

图 11-15　添加回调函数

```
function ButtonPushed(app,event)
    % Disable Plot Options button while dialog is open
    app.Button.Enable = 'off';
```

```
% Get SDvalue and Cvalue
% ...


% Call dialog box with input values
app.DialogApp = DialogAppExample(app,SDvalue,Cvalue);
end
```

（3）在主 App 中定义一个属性，以存储对话框 App。在主 App 打开的情况下，创建一个名为 DialogApp 的私有属性。在"编辑器"选项卡上选择"属性"→"私有属性"，如图 11-16 所示。然后，将 properties 模块中的属性名称更改为 DialogApp。

```
properties (Access = private)
    DialogApp % Dialog box app
end
```

11.4.3　将信息返回给主 App

执行以下步骤，将用户的选择返回给主 App。

（1）在主 App 中创建一个公共函数，以更新 UI。打开主 App 的"代码视图"，然后在"编辑器"选项卡中选择"函数"→"公共函数"，如图 11-17 所示。

图 11-16　创建"私有属性"

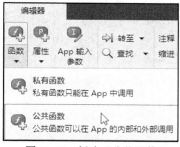

图 11-17　创建"公共函数"

将默认函数名称更改为所需的名称，并为希望其从对话框向主 App 传递信息的每个选项中添加输入参数。其中第一个必须是 App 参数，可在此参数后指定其他参数。然后将代码添加到处理输入信息并更新主 App 的函数中。

```
function updateplot(app,SD,C)
    % Process SD and C
    ...
end
```

（2）在被调 App 中创建一个属性，以存储主 App。打开被调 App 的"代码视图"，然后在"编辑器"选项卡上选择"属性"→"私有属性"，创建一个名为 CallingApp 的私有属性。添加代码。

```
properties (Access = private)

    CallingApp % Main app object

end
```

（3）从被调 App 的回调中调用公共函数。在被调 App 保持打开的情况下，为 Button 按钮添加一个回调函数。

在此回调中，将 CallingApp 属性和用户的选择传递给公共函数，然后调用 delete 函数以关闭对话框。

```
function ButtonPushed(app,event)

   % Call main app's public function

   updateplot(app.CallingApp,app.EditField.Value,app.DropDown.Value);


   % Delete the dialog box

   delete(app)

end
```

11.4.4　关闭窗口时的管理任务

两个 App 都必须在用户关闭它们时执行某些任务。在对话框关闭之前，必须重新启用主 App 中的"选项"按钮。在主 App 关闭之前，必须确保被调 App 也关闭。

（1）打开被调 App 的"代码视图"，右键单击"组件浏览器"中的"app.UIFigure"对象，然后选择"回调"→"转至 UIFigureCloseRequest 回调"，如图 11-18 所示。然后添加重新启用主 App 中的按钮并关闭被调 App 的代码。

图 11-18　添加回调

```
function UIFigureCloseRequest(app,event)

   % Enable the Plot button in main app

   app.CallingApp.Button.Enable = 'on';
```

```
% Delete the dialog box
    delete(app)
end
```

（2）打开主 App 的"代码视图"，右键单击"组件浏览器"中的"app.UIFigure"对象，然后选择"回调"→添加 UIFigure CloseRequest 回调。添加删除这两个 App 的代码。

```
function UIFigureCloseRequest(app,event)
    % Delete both apps
    delete(app.DialogApp)
    delete(app)
end
```

至此，两个 App 之间的数据传递构建完成。

11.4.5　示例：两个 App 之间的数据传递

绘制打开对话框的 App。此 App 由一个主绘图 App 构成，主绘图 App 中有一个按钮，用于在对话框中选择选项。"选项"按钮通过输入参数调用对话框 App。在对话框中，"确定"按钮的回调通过调用主 App 中的公共函数，将用户的选择发送回主 App。

图 11-19 显示了在 App Designer 中创建多窗口 App 的效果。

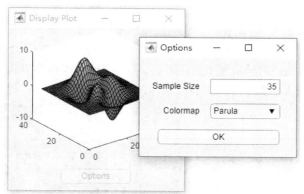

图 11-19　效果展示

1. 界面布局

（1）主程序布局。新建一个画布，添加 1 个坐标区（UIAxes）、1 个按钮（Button）组件，调整各组件大小，如图 11-20 所示。将 App 的名字改为 Aapp，作为主程序。

（2）被调程序布局。新建一个画布，添加 1 个数值编辑字段（Edit Field）、1 个下拉框（Drop Down）和 1 个按钮（Button）组件。单击 Edit Field 组件的标签，将文本改为 Sample Size；单击 Edit Field 组件的输入框，将 Value 值改为 35。单击 Drop Down 组件的标签，将文本改为 Colormap；单击 Drop Down 组件下拉框，将 Items 值改为 4×1 的 4 个行向量[Parula Jet Winter Cool]。调整各组件大小，如图 11-21 所示。将 App 的名字改为 Bapp，作为被调用的程序。

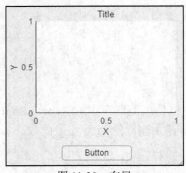

图 11-20　布局

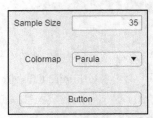

图 11-21　属性设置

2.　添加主程序回调

（1）添加私有属性。在 Aapp 代码视图模式下，在"编辑器"选项卡中选择"属性"→"私有属性"，添加代码，如图 11-22 所示。

图 11-22　添加"私有属性"

（2）在 Aapp 中添加调用 Bapp 回调代码。右键单击"组件浏览器"中"app.Button"，在弹出的菜单中选择"回调"→"转至 ButtonPushed 回调"。在回调函数中添加代码，如图 11-23 所示。

（3）在 Aapp 中添加公共函数用于更新数据。在 Aapp 代码视图模式下，在"编辑器"选项卡中选择"函数"→"公共函数"，如图 11-24 所示。修改函数名并添加代码，如图 11-25 所示。

图 11-23　回调代码

图 11-24　添加"公共函数"

（4）在 Aapp 菜单栏的"编辑器"中，单击"App 输入参数"，在弹出的"App 输入参数"对话框中输入"Aapp,SD,C"，如图 11-26 所示。单击"确定"后，输入代码。

（5）在 Aapp 添加关闭选项。当主程序关闭时，其他所有被调程序窗口统统关闭。在 Aapp 中，右键单击"组件浏览器"中的"app.UIFigure"，在弹出的菜单中选择"回调"→"添加 UIFigureClose Request 回调"。添加代码，如图 11-27、图 11-28 所示。

```
methods (Access = public)

    function updateplot(app,SD,C)
        % 储存输入参数作为属性值
        app.SD = SD;
        app.C = C;

        % 更新绘图
        Z = peaks(SD);
        surf(app.UIAxes,Z);
        colormap(app.UIAxes,C);

        % 启用Button按钮
        app.Button.Enable = 'on';
    end
end
```

图 11-25　修改函数名并添加代码

图 11-26　添加 App 输入参数

```
% Code that executes after component creation
function startupFcn(app, Aapp, SD, C)
    % 调用updateplot函数初始化绘图
    updateplot(app, app.SD, app.C)
end
```

图 11-27　添加代码

```
% Close request function: UIFigure
function UIFigureCloseRequest(app, event)
    % 当主程序主界面关闭后删除两个 App
    delete(app.BappDT)
    delete(app)
end
```

图 11-28　添加代码

3.　添加被调程序回调

（1）添加 Bapp 输入参数。在被调程序 Bapp 的菜单栏中选择"编辑器"，单击"App 输入参数"图标，在弹出的"App 输入参数"对话框的 startupFcn 函数中输入允许输入的参数。这些参数中的第一个参数必须指定为存储主程序 Aapp 对象的变量，其他参数为主程序需要引用的被调程序 Bapp 中的参数。添加 App 输入参数如图 11-29 所示。

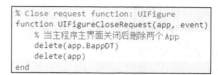

图 11-29　添加 App 输入参数

将代码添加到 StartupFcn 回调中，如图 11-30 所示。

```
% Code that executes after component creation
function startupFcn(app, MainApp, SD, C)
    % 存储主程序属性
    app.CallingB = MainApp;
end
```

图 11-30　添加代码

（2）添加 Bapp 按钮回调函数。在 Bapp 的"组件浏览器"中，右键单击"app.Button"，在弹出菜单中选择"回调"→"添加 ButtonPushed 回调"。添加代码，如图 11-31 所示。

```
% Button pushed function: Button
function ButtonPushed(app, event)
    % 调用主程序的公共函数更新绘图
    updateplot(app.CallingApp, app.EditField.Value, app.DropDown.Value);

    % 删除被调函数对话框以显示主程序绘图
    delete(app)
end
```

图 11-31　添加代码

（3）添加 Bapp 关闭回调函数。当被调程序窗口关闭时，主程序的按钮激活。在 Bapp 中，右键单击"组件浏览器"中的"app.UIFigure"，在弹出的菜单中选择"回调"→"添加 UIFigureClose Request 回调"。添加代码，如图 11-32 所示。

```
% Close request function: UIFigure
function UIFigureCloseRequest(app, event)
    % 激活主程序中按钮
    app.CallingB.Button.Enable = 'on';

    % 删除Bapp
    delete(app)
end
```

图 11-32　添加代码

4. 运行程序

可以通过按 F5 键、单击"编辑器"栏或者顶部"自定义快速访问工具栏"中的"运行"图标来运行程序。系统启动，初始化绘图；单击 Button 按钮，主程序 Button 将变灰、禁用，如图 11-33 所示。被调对话框弹出，可以在 Edit Field 中输入数值，在 Drop Down 中进行数据输入，或者只选择其中一种操作，然后单击 Button 按钮，关闭被调程序。这时，主程序 Button 被激活，图形更新，如图 11-34 所示。

如果用户没有对被调程序的 Edit Field、Drop Down 进行数据输入操作，直接关闭被调函数对话框，主程序 Button 也会激活。

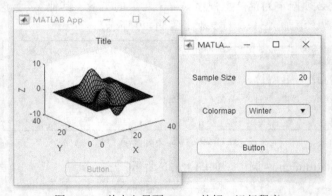

图 11-33　单击主界面 Button 按钮，运行程序

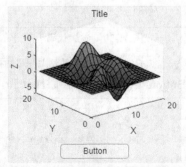

图 11-34　主程序 Button 被激活，图形更新

第 12 章　TeX 和 LaTeX 文本解释器

可以使用 TeX 标记向图中添加包含希腊字母和特殊字符的文本。此外，还可以使用 TeX 标记添加上标、下标，以及修改文本类型和颜色。

MATLAB 文本解释器（Interpreter）指定为下列值之一。

（1）'tex'：使用 TeX 标记子集解释字符。

（2）'latex'：使用 LaTeX 标记解释字符。

（3）'none'：显示字面字符。

12.1　TeX 标记

默认情况下，MATLAB 支持一部分 TeX 标记。可使用 TeX 标记添加下标和上标，修改字体类型和颜色，并在文本中插入特殊字符。

修饰符会一直作用到文本结尾，但上标和下标除外，因为它们仅修饰下一个字符或花括号中的字符。当将解释器设置为'tex'时，支持的修饰符见表 12-1。

表 12-1　　　　　　　　　　　　　　　TeX 解释器支持的修饰符

修饰符	说明	语法
^{ }	上标	'text^{superscript}'
_{ }	下标	'text_{subscript}'
\bf	粗体	'\bf text'
\it	斜体	'\it text'
\sl	伪斜体（通常与斜体相同）	'\sl text'
\rm	常规字体	'\rm text'
\fontname{specifier}	字体名称：将 specifier 替换为字体系列的名称。可以将此说明符与其他修饰符结合使用	'\fontname{Courier} text'
\fontsize{specifier}	字体大小：将 specifier 替换为以磅为单位的数值标量	'\fontsize{15} text'
\color{specifier}	字体颜色：将 specifier 替换为以下颜色之一——red、green、yellow、magenta、blue、black、white、gray、darkGreen、orange 或 lightBlue	'\color{magenta} text'
\color[rgb]{specifier}	自定义字体颜色：将 specifier 替换为三元素 RGB 三元组	'\color[rgb]{0,0.5,0.5} text'

表 12-2 列出了 TeX 解释器所支持的特殊字符。

表 12-2　　　　　　　　　　　　TeX 解释器支持的特殊字符

特殊字符	符号	特殊字符	符号	特殊字符	符号
\alpha	α	\upsilon	υ	\sim	∼
\angle	∠	\phi	φ	\leq	≤
\ast	*	\chi	χ	\infty	∞
\beta	β	\psi	ψ	\clubsuit	♣
\gamma	γ	\omega	ω	\diamondsuit	♦
\delta	δ	\Gamma	Γ	\heartsuit	♥
\epsilon	ϵ	\Delta	Δ	\spadesuit	♠
\zeta	ζ	\Theta	Θ	\leftrightarrow	←→
\eta	η	\Lambda	Λ	\leftarrow	←
\theta	θ	\Xi	Ξ	\Leftarrow	⇐
\vartheta	ϑ	\Pi	Π	\uparrow	↑
\iota	ι	\Sigma	Σ	\rightarrow	→
\kappa	κ	\Upsilon	Υ	\Rightarrow	⇒
\lambda	λ	\Phi	Φ	\downarrow	↓
\mu	μ	\Psi	Ψ	\circ	°
\nu	ν	\Omega	Ω	\pm	±
\xi	ξ	\forall	∀	\geq	≥
\pi	π	\exists	∃	\propto	∝
\rho	ρ	\ni	∋	\partial	∂
\sigma	σ	\cong	≅	\bullet	•
\varsigma	ς	\approx	≈	\div	÷
\tau	τ	\Re	ℜ	\neq	≠
\equiv	≡	\oplus	⊕	\aleph	ℵ
\Im	ℑ	\cup	∪	\wp	℘
\otimes	⊗	\subseteq	⊆	\oslash	∅
\cap	∩	\in	∈	\supseteq	⊇
\supset	⊃	\lceil	⌈	\subset	⊂
\int	∫	\cdot	·	\o	o
\rfloor	⌋	\neg	¬	\nabla	∇
\lfloor	⌊	\times	x	\ldots	...
\perp	⊥	\surd	√	\prime	′
\wedge	∧	\varpi	ϖ	\0	∅
\rceil	⌉	\rangle	〉	\mid		
\vee	∨	\langle	〈	\copyright	©

创建一个简单的线图并添加标题。使用 TeX 标记\pi 在标题中添加希腊字母 π。向 $\alpha=3$ 处的数据点添加文本。使用 TeX 标记\bullet 向指定点添加标记，并使用\leftarrow 添加一个指向左侧的箭头。默认情况下，指定的数据点位于文本的左侧。代码运行后如图 12-1 所示。

```
x = 0:0.1:2*pi;

y = sin(x);

plot(x,y,'b*')

xlabel('\alpha')

ylabel('sin(\alpha)')

title('\alpha 范围从 0 到 2\pi')

txt = '\bullet \leftarrow sin(\alpha) at \alpha = 3';

text(x(30),y(30),txt)
```

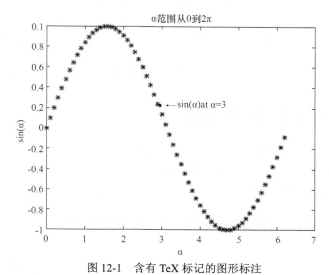

图 12-1　含有 TeX 标记的图形标注

12.2　LaTeX 标记

默认情况下，MATLAB 可以解析使用 TeX 标记的文本。但是，要进行更多格式设置，可以改用 LaTeX 标记。例如，可以使用 LaTeX 向文本添加数学表达式。要使用 LaTeX 标记，需将 Text 对象的 Interpreter 属性设置为'latex'。

绘制 $y=x^2\sin(x)$，并在 $x=2$ 处绘制一条垂直线。使用 LaTeX 标记向图中添加包含积分表达式的文本。代码运行后如图 12-2 所示。

```
x = linspace(0,3);

y = x.^2.*sin(x);

plot(x,y)

line([2,2],[0,2^2*sin(2)])
```

```
str = '$$ \int_{0}^{2} x^2\sin(x) dx $$';
text(1.1,0.5,str,'Interpreter','latex')
```

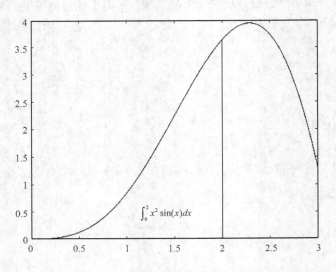

图 12-2 含有 LaTeX 标记的图形标注

12.3 LaTeX 形式的符号表达

建议采取以下两种方法获取 LaTeX 形式的表达式。

① 采用 LaTeX 函数将表达式转化为 LaTeX 的形式。

② 使用第三方公式编辑器辅助。

12.3.1 使用 LaTeX 函数转化为 LaTeX 表达式

函数 latex 的语法如下。

```
chr = latex(S)
```

（1）将符号函数表达式转化为 LaTeX 的形式。

示例：

```
>> syms x
latex(x^2 + 1/x)
ans =    '\frac{1}{x}+x^2'
```

（2）将符号表达式矩阵转化为 LaTeX 的形式。

示例：

```
>> syms x
M = [sin(1/x); exp(x)*x^2]
chrM = latex(M)
```

```
M =

   sin(1/x)

  x^2*exp(x)

  chrM =

     '\left(\begin{array}{c} \sin\left(\frac{1}{x}\right)\\ x^2\,{\mathrm{e}}
^x \end{array}\right)'
```

12.3.2　使用第三方公式编辑器获取 LaTeX 表达式

要获得 LaTeX 表达式，还可以采用 MathType 等公式编辑软件，编辑公式后进行复制粘贴。选择 MathType 菜单栏中的"预置"→"剪切和复制预置"，在弹出的对话框中单击"MathML 或 TeX："，选择"LaTeX 2.09 and later""Plain TeX"均可，复制编辑好的公式，粘贴到"命令行窗口"中。具体操作如图 12-3～图 12-6 所示。

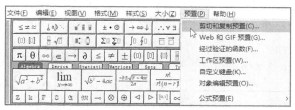

图 12-3　"预置"菜单

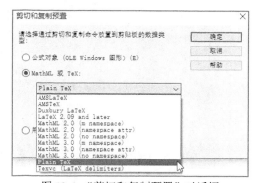

图 12-4　"剪切和复制预置"对话框

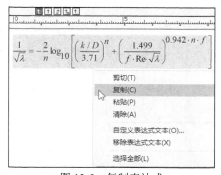

图 12-5　复制表达式

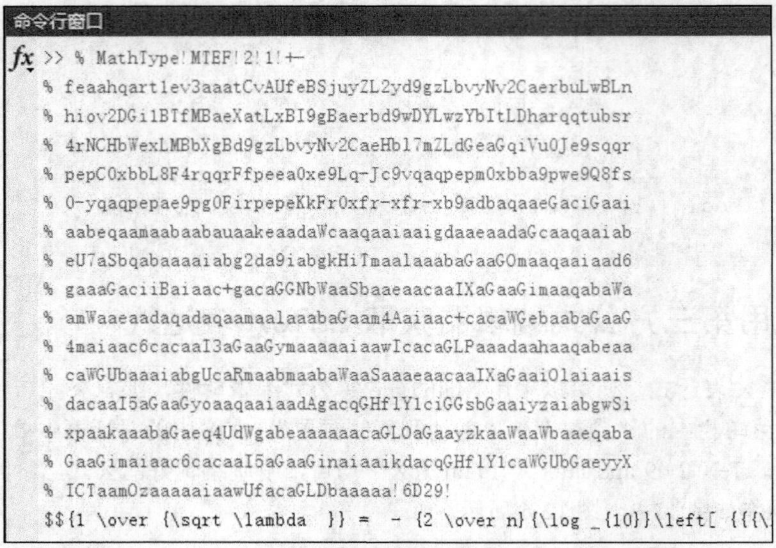

图 12-6　粘贴并获取表达式

　　最后的字符串即为 LaTeX 表达式。该公式的完整表达式如下。

```
    $${1 \over {\sqrt \lambda  }} =  - {2 \over n}{\log _{10}}\left[ {{{\left
( {{{k/D} \over {3.71}}} \right)}^n} + {{\left( {{{1.499} \over {f \cdot
{\mathop{\rm Re}\nolimits}  \cdot \sqrt \lambda  }}} \right)}^{0.942 \cdot n
\cdot f}}} \right]$$
```